W. W. Rittmann · S. M. Perren

Corticale Knochenheilung nach Osteosynthese und Infektion

Biomechanik und Biologie

Unter Mitarbeit von
M. Allgöwer · F. H. Kayser · J. Brennwald

Mit 65 zum Teil farbigen Abbildungen
in 154 Einzeldarstellungen

Springer-Verlag
Berlin Heidelberg New York 1974

PD. Dr. med. W. W. RITTMANN, Departement für Chirurgie der Universität Basel, Kantonsspital, CH-4004 Basel

PD. Dr. med. S. M. PERREN, Leiter des Laboratoriums für experimentelle Chirurgie, Schweizerisches Forschungsinstitut, CH-7270 Davos

Library of Congress Cataloging in Publication Data

RITTMANN, W.W., 1938–
Corticale Knochenheilung nach Osteosynthese und Infektion

Bibliography: p.
1. Bone-grafting. 2. Bone regeneration. 3. Surgery-Complications and sequelae.
I. PERREN, STEPHAN M., 1932–   joint author. II. Title
RD123.R57   616.7'1   74-13770

ISBN-13: 978-3-540-06884-6   e-ISBN-13: 978-3-642-65940-9
DOI: 10.1007/978-3-642-65940-9

Das Werk ist urheberrechtlich geschützt. Die dadurch begründeten Rechte, insbesondere die der Übersetzung, des Nachdruckes, der Entnahme von Abbildungen, der Funksendung, der Wiedergabe auf photomechanischem oder ähnlichem Wege und der Speicherung in Datenverarbeitungsanlagen bleiben, auch bei nur auszugsweiser Verwertung, vorbehalten. Bei Vervielfältigungen für gewerbliche Zwecke ist gemäß § 54 UrhG eine Vergütung an den Verlag zu zahlen, deren Höhe mit dem Verlag zu vereinbaren ist. © by Springer-Verlag Berlin Heidelberg 1974.
Softcover reprint of the hardcover 1st edition 1974
Die Wiedergabe von Gebrauchsnamen, Handelsnamen, Warenbezeichnungen usw. in diesem Werk berechtigt auch ohne besondere Kennzeichnung nicht zu der Annahme, daß solche Namen im Sinne der Warenzeichen- und Markenschutz-Gesetzgebung als frei zu betrachten wären und daher von jedermann benutzt werden dürften.

Geleitwort

Die Infektion bleibt eine außerordentlich ernste „Kehrseite" der Osteosynthese. Ihre Verhütung mit allen verfügbaren Maßnahmen der Prophylaxe ist ein zentrales Anliegen jedes Operationsbetriebes. Ob nun aber die Infektionsrate die vielleicht zulässigen 2% überschreitet oder nicht — für den „infizierten Patienten" ist die Großzahl der Glanzfälle ein schlechter Trost. Es gilt, für diesen Patienten die prognostisch günstigste Lösung zu finden. Sie sollte sich nicht auf Intuition, sondern auf klare und erprobte Richtlinien stützen können.

Planung im Falle einer infizierten Osteosynthese ist eine Bilanzfrage: Abwägung der Nachteile des Fremdkörpers gegenüber den Vorteilen der Stabilisierung. Die Autoren haben es unternommen, in systematischen Tierversuchen die Heilung operativ stabilisierter und hernach mit Staphylokokken infizierter Osteotomien zu prüfen. Sie konnten zeigen, daß unter Bedingungen der Stabilität eine massive Infektion die Heilungsvorgänge der Knochencorticalis nicht zum Erliegen bringt. Selbst unter diesen Umständen kann eine Vereinigung der Knochenenden im Sinne der primären Knochenheilung erfolgen — allerdings weniger regelmäßig als bei der nicht infizierten Osteosynthese.

Diese in Kürze zusammenfaßbaren Ergebnisse würden eine monographische Darstellung wohl kaum rechtfertigen, wäre es nicht für den Chirurgen von großem praktischem Interesse, Versuchsplanung und -bewertung der Resultate gleichsam nachzuvollziehen. Er wird dabei für die operative Stabilisierung seiner Frakturen wie auch für die Behandlung der hoffentlich seltenen infizierten Fälle nützliche Anregungen für sein klinisches Handeln finden. Zudem dürfte es für viele einen Genuß bedeuten, patientenbezogene Grundlagenforschung Schritt für Schritt zu verfolgen.

M. ALLGÖWER

Inhaltsverzeichnis

1. **Einleitung und Fragestellung** 1
2. **Material und Methoden** 4
   - 2.1. Gruppeneinteilung 4
   - 2.2. Material 4
     - 2.2.1. Versuchstiere 4
     - 2.2.2. Bakterien 4
     - 2.2.3. Implantate 4
   - 2.3. Methoden 7
     - 2.3.1. Narkose und operatives Procedere 7
     - 2.3.2. Messung des interfragmentären Druckes 10
     - 2.3.3. Messung des Schrauben-Drehmomentes 12
     - 2.3.4. Messung der Gehbelastung 13
     - 2.3.5. Infektion und Kontrolle des Infektverlaufes 13
     - 2.3.6. Radiologische Kontrollen 16
       - 2.3.6.1. Übersichtsaufnahmen 16
       - 2.3.6.2. Mikroangiographie 16
       - 2.3.6.3. Mikroradiographie 16
     - 2.3.7. Polychrome Fluorescenzmarkierung und histologische Aufarbeitung 16
   - 2.4. Zusammenfassung des Versuchsablaufes 18
3. **Resultate** 19
   - 3.1. Allgemeines 19
   - 3.2. Lokalinfekt 20
   - 3.3. Interfragmentärer Druck 26
   - 3.4. Schraubendrehmoment 35
   - 3.5. Gehbelastung 36
   - 3.6. Radiologische Kontrollen 40
   - 3.7. Histologische Untersuchungen 49
4. **Diskussion** 63
5. **Zusammenfassung und Schlußfolgerungen** 70

Nachwort 71

Literatur 72

Sachverzeichnis 75

1. Einleitung und Fragestellung

„Das Infektionsrisiko ist bis heute die Schicksalsfrage der Osteosynthese geblieben" (ALLGÖWER, 1971). Die Eröffnung der Frakturzone, die Nekrose von Weichteilen und Knochen durch Trauma und Operation sowie die implantierten Fremdkörper ermöglichen das Angehen und die Ausbreitung des Infektes. Trotz Infekt kann jedoch, wie uns die Klinik zeigt, der Knochenbruch unter biomechanisch günstigen Voraussetzungen heilen. Daher interessieren uns die Veränderungen der biomechanischen Reaktionen des Knochens durch den Lokalinfekt.

Die Angaben über die *Häufigkeit* von Knocheninfekten nach operativer Behandlung schwanken zwischen 0,54–6,6% für geschlossene Frakturen und zwischen 3,7–15% für offene Frakturen.

Die *Bedeutung* des Knocheninfektes geht aus der Tatsache hervor, daß HICKS noch 1964[1] den Infekt für $^2/_3$ der Amputationen nach Unterschenkelfrakturen verantwortlich macht. Im Gesamtmaterial offener und geschlossener Frakturen von HICKS finden sich noch 0,4% Amputationen, bei KUNER, allein auf die Knocheninfekte bezogen, 6%. Die Amputationsrate beträgt nach vorwiegend konservativer Behandlung nach ELLIS 2,8%, HOLDERMANN 9%, DENIS 0%, SCOTT 0,8%.

Klinik und Therapie des Infektes sind in 4 neueren Textbüchern ausgedehnt abgehandelt (HIERHOLZER, 1970; POPKIROV, 1971; WALDVOGEL, 1971; BURRI 1974). Der häufigste *Erreger* der posttraumatischen Osteitis ist auch heute noch in allen Statistiken [38, 11, 48, 68, 76, 63, 86] der Staphylococcus aureus. Er kann bei 54 bis 93% der Infektionen nachgewiesen werden. In etwa 50% der Fälle findet er sich in Mischkulturen [38, 25, 63]. Der Krankheitsherd ist häufig am Anfang nur mit Staphylokokken besiedelt [11, 50] und wird erst später durch Super- oder Reinfektion [102] mit vor allem Proteus, Coli, Pseudomonas, Streptokokken und Staphylococcus epidermidis kontaminiert. Hierdurch soll sich nach Ansicht von FEISCHL [25] der Krankheitsverlauf verschlechtern, was in seinem Patientengut zu einer Verlängerung der durchschnittlichen Hospitalisationsdauer von 3,8 auf 6,7 Monate geführt habe.

Der *radiologische* Verlauf ist charakterisiert durch Aufhellungen in der dritten Woche [26], die allmählich konfluieren, durch etwa gleichzeitig auftretende subperiostale Knochenablagerungen [33] und erst nach der vierten Woche durch sog. „Sklerosierung" der Frakturenden [107]. In vielen Fällen können frühestens im zweiten Monat, gelegentlich erst nach Ablauf eines Jahres [45] Sequester aufgrund ihrer relativen Kalkdichte erkannt werden. Eine zeitliche Verzögerung im Auftreten der ersten radiologischen Manifestationen soll nach Erfahrungen von CHARKES et al. [15] darauf basieren, daß erst Kalkverluste von 30–50% zu radiologisch faßbaren Aufhellungen führen können. Im Tierexperiment beschrieb NORDEN [80] an der Staphylokokken-Osteitis des Kaninchens einen ähnlichen Verlauf. Bis heute ist aber nicht versucht worden, die radiologischen Aspekte mit dem histologischen Befund zu korrelieren.

Zu den *histologischen* Veränderungen des Knocheninfektes äußerten sich LENNERT [65],

---

[1] Von historischem Interesse ist, daß BILLROTH zwischen 1860 und 1867 noch bei 40% aller offenen Frakturen amputierte, während LISTER 1867 nur noch bei 1 von 13 offenen Frakturen die Extremität entfernen mußte.

HICKS [45], HIERHOLZER et al. [50], POPKIROV [86] und WALDVOGEL et al. [107][2]: danach ist eine zentrale Nekrose mit Fibrinablagerungen und massiver polymorphzelliger Infiltration typisch. Sie wird umgeben von gefäßreichem Granulationsgewebe mit Lymphocyten und Plasmazellen, Narbengewebe und schließlich sklerotischem Knochen. Toter Knochen entsteht durch Ausbreitung der Infektion entlang den Haversschen und Volkmannschen Kanälen, was zu Gefäßverschlüssen führe. Er ist frei von Osteocyten, Bindegewebszellen und Knochenmarkszellen. Gelegentlich kommt es auf den nekrotischen Trabeculae wieder zu Knochenablagerungen durch Osteoblasten. Die Ansicht, es bestehe eine Minderdurchblutung des ganzen Gebietes, wird von weiteren Autoren [21, 11, 71, 67] übernommen. Eine sekundäre Revascularisation der ehemals abgestorbenen Bezirke kann jedoch wieder eintreten[109]. Im weiteren ist die Bildung eines wolkigen Callus charakteristisch. Offen ist noch, wie die einzelnen Vorgänge zusammenhängen und wie sie zeitlich einzustufen sind.

LANE [64] hat als erster den infektiösen Charakter der Gewebereaktionen nach Verplattung erkannt. Seither ist die *Therapie* der Osteitis zielgerichteter geworden; dennoch ist die Osteitis auffallend therapierefraktär, „eine Erkrankung, bei der es keine Heilung gibt" [47,14]. Bei der medikamentösen Behandlung haben gewisse spezielle Probleme der Antibioticatherapie, wie die Wirksamkeit der Lokalbehandlung [109, 21, 39, 20, 82], die allgemeine Chemoprophylaxe [104, 18, 57, 95, 27, 32, 86] und neuerdings die Bestimmung der Gewebekonzentrationen von Chemotherapeutica [46, 97, 67, 81] sowie ihre lokale Toxicität [60] besondere Bedeutung erlangt. Bei der Beurteilung der chirurgischen Behandlungsmöglichkeiten gibt es Autoren [92, 96, 108], welche die Fremdkörperwirkung der Implantate in den Vordergrund schieben und empfehlen, das Metall bei Ausbruch eines Infektes kompromißlos zu entfernen oder „höchstens einige fixierende Schrauben zu belassen". Die Gefahr eines derartigen Vorgehens liegt in der Entstehung einer infizierten Pseudarthrose. Andere Autoren [35, 20, 45, 71, 82, 3] messen der stabilisierenden Funktion primäre Bedeutung zu und empfehlen, Implantate, die noch stabilisierend wirken, bis zur gesicherten knöchernen Verbindung der Fragmente im infizierten Gebiet zu belassen. Die letzteren Autoren nehmen zugunsten der Knochenheilung ein längeres Andauern des Weichteilinfektes in Kauf. Es herrscht Einigkeit darüber, daß Implantate, welche keine Stabilität mehr bieten, entfernt werden sollen. Unterschiedlich beurteilt wird aber, welchem Implantat beim weiteren operativen Vorgehen im infizierten Gebiet der Vorzug gegeben werden sollte: dem intramedullären Kraftträger [38, 77], der Platte oder dem von KEY [61, 16] entwickelten äußeren Spanner. Neuere Tendenzen geben dem „Fixateur externe" den Vorzug [78, 3]. Grundlage für die Entscheidung inwiefern, wieviel und welche Art Material beim Infekt belassen oder implantiert werden soll, ist die Kenntnis der Beeinflussung des Infektgeschehens und der Knochenheilung durch das Vorhandensein der Implantate.

Es wird interessant sein, zu untersuchen, inwiefern *biomechanische* Aspekte für die Frakturheilung beim Infekt entscheidend sind. Wie lange dauert Stabilität in Anwesenheit eines Lokalinfektes? Führt nicht Infektion per se zu Resorption und damit zum Verlust der interfragmentären Kompression, welche sich seit der Einführung durch DANIS [17] (1947) in der Klinik als günstige Voraussetzung für eine primäre Knochenheilung erwiesen hat [4, 79, 2]? Ist primäre Knochenheilung bei Vorliegen eines Infektes möglich? Welche Bedeutung hat es schließlich, ob eine infizierte Fraktur per primam oder per secundam heilt? Hat HICKS [44] recht, der der Heilungsart nur sekundäre Bedeutung einräumt?

Experimentelle Arbeiten auf dem Gebiete der Osteitis sind selten. Historische Bedeutung haben die Versuche HUNTERS [54] der schon im 19. Jahrhundert verschiedene chirurgische Maßnahmen auf ihren therapeutischen Effekt prüfte, sowie die Untersuchungen von KOCHER [62] (1878) und LEXER [66] (1924), die sich um ein tierexperimentelles Modell zur Erzeugung von Knochenentzündungen bemühten. Die moder-

---
2 Oft ist keine klare Grenze gezogen zwischen der hämatogenen und der posttraumatischen Form.

nen Arbeiten befassen sich hauptsächlich mit Faktoren der Pathogenese [98, 34, 53, 23, 11, 36] oder Therapie mit Knochentransplantaten [8], oder mit pharmakologischen Fragen [81]. Experimentelle Untersuchungen zum Studium der Knochenheilung unter Infektbedingungen fehlen fast ganz [70]. Biomechanische Einflüsse wurden außer in unveröffentlichten Versuchen von B. FRIEDRICH (persönl. Mitteilung *) unseres Wissens noch nie beim Knocheninfekt geprüft.

Unsere *Fragestellung* betrifft die corticale Knochenheilung nach Osteosynthese und Infektion unter besonderer Berücksichtigung der Frage nach den Veränderungen der interfragmentären Kompression. Über diese Fragestellung hinaus sollen die radiologischen Befunde, die in der Klinik verfügbar sind, den zusätzlichen Informationen aus Histologie, Bakteriologie und Mechanik des Experimentes gegenübergestellt werden.

---

* Seither erschienen: FRIEDRICH, B.: Die Bedeutung der biomechanischen Stabilität in der Ätiologie der posttraumatischen Osteomyelitis; Würzburg: Habilitationsschrift (1973).

2. Material und Methoden

Wir untersuchten die corticale Knochenheilung beim Staphylokokkeninfekt in drei Gruppen, die sich durch die Art der Plattenosteosynthese unterschieden.

2.1. Gruppeneinteilung

Die Gruppeneinteilung ist aus Abb. 1 ersichtlich. Die verwendeten Osteosynthesemethoden sind auf postoperativ uneingeschränkte Belastung ausgerichtet, indem relativ massive Implantate verwendet werden, nämlich:

— Osteosynthese durch 2 schmale Platten unter Anwendung von Kompression. Die Gruppe wird im weiteren *„2 Platten mit Kompression und Druckmessung"* genannt (n = 9).

— Osteosynthese durch eine breite Platte unter Anwendung von Kompression (Gruppe *„1 Platte mit Kompression"*). In dieser Gruppe ist in Anlehnung an die Kompressions-Plattenosteosynthese der Klinik eine einzelne Platte verwendet worden. Eine schmale Platte, die in ihrer Dimension der Tibia entsprechen würde, ist aber, der zu erwartenden Frühbelastung wegen, zu schwach. Deshalb wurde eine breite Platte verwendet (n = 7).

— Osteosynthese durch eine geschwächte breite Platte ohne Anwendung von interfragmentärer Kompression (Gruppe *„1 Platte ohne Kompression"*). In dieser Gruppe ist eine gewisse Instabilität dadurch angestrebt worden, daß die verwendete breite Platte in ihrem mittleren Segment eine Schwächung aufwies und diese Platte keine Kompression bewirkte. Die Breite des Frakturspaltes wurde auf 100 µm standardisiert (n = 9).

Zur Abklärung des Druckverlaufes in vivo an infizierten Plattenosteosynthesen sind in der Gruppe „2 Platten mit Kompression und Druckmessung" Implantate mit Dehnungsmeßeinrichtung (sog. Meßplatten) verwendet worden. Diese Platten erlauben, die interfragmentär wirkende Kompression während des Heilungsverlaufes zu überwachen.

2.2. Material

2.2.1. Versuchstiere

Als Versuchstiere dienten 2–3jährige weibliche sowie kastrierte männliche Bergschafe, die sich in Einzelboxen eines Stalles frei bewegen konnten. Die Tiere erhielten Wasser und Heu ad libitum.

2.2.2. Bakterien

Als Ausgangsmaterial für die Erzeugung des Infektes diente Staphylococcus aureus vom Phagtyp 47/53/54/75, der aus einem humanen Staphylokokken-Infekt isoliert wurde. Der Stamm war uns in Form eines Lyophilisates von F. H. Kayser, Institut für Medizinische Mikrobiologie der Universität Zürich, zur Verfügung gestellt worden. Über Blutagar- und Mäusepassagen wurde die Virulenz der Bakterien gesteigert (s.S. 14).

2.2.3. Implantate

Als Implantate benützten wir Platten und Schrauben aus einer Titan-Sauerstoff-Legie-

GRUPPE	IMPLANTATE	OSTEOTOMIE	FRAGESTELLUNG
"2 Platten mit Kompression & Druckmessung"		Kontakt Stabilität	Heilungsverlauf bei stabiler Kompressions-OS und Messung des interfragmentären Druckverlaufes
"1 Platte mit Kompression"		Kontakt Stabilität	Heilungsverlauf bei Stabilität durch interfragment.Kompression und Fixation durch breite Platten
"1 Platte ohne Kompression"		Spalt(100μm) geringe Instabilität	Heilungsverlauf bei geringer Instabilität infolge Fehlens interfragment.Kompression und Fixation durch geschwächte Platte

Abb. 1. Übersicht über die 3 Versuchsgruppen: Versuchsmodell, verwendete Implantate und Fragestellung

rung, deren Zusammensetzung und physikalische Eigenschaften in Tabelle 1 zusammengefaßt sind. Die Korrosionsresistenz des Titans in der Körperflüssigkeit ist hervorragend [51, 103]. Die Gewebsverträglichkeit erwies sich in den Untersuchungen von BECHTOL et al. [7] als sehr befriedigend. Zudem zeichnet sich Titan im Vergleich zu den andern heute üblichen Osteosynthese-Materialien durch eine geringere Steifigkeit aus. Daher kommt es zu einer größeren Restbelastung (geringere stress protection) unter der Platte, wie BRENNWALD et al. [12] zeigen konnten. Die Bauart der Platten entsprach der dynamischen Kompressionsplatte (DCP) der AO[3], die PERREN et al. [84] detailliert beschrieben.

Die spezielle Geometrie der Schraubenlöcher (Abb. 2) ermöglicht beim Eindrehen der Schrauben, Zug auf die Platte und damit axialen Druck auf den Knochen auszuüben (Abb. 3).

[3] Arbeitsgemeinschaft für Osteosynthesefragen.

Tabelle 1. Chemische Analyse und mechanische Eigenschaften des verwendeten Plattenmaterials (Titan): Für die Implantate wurde ein sog. „unlegiertes" Titan verwendet, dessen Zusammensetzung in Gewichtsprozenten aufgeführt ist. Im verarbeiteten Zustand und nach Kaltverformung hat das Material die erwähnten mechanischen Eigenschaften. Das Metall entspricht den Qualitätsnormen der Schweizerischen Normen-Vereinigung (SNV Nr. 056507)

Chemische Analyse

Titan	99,35% min.
Sauerstoff	0,50% max.
Eisen	0,30% max.
Kohlenstoff	0,10% max.
Wasserstoff	0,015% max.

Mechanische Eigenschaften

Zugfestigkeit	≥ 700 N/mm^2
Bruchdehnung (50 mm Probenlänge)	$\geq 18\%$
Biegewinkel bevor Anrisse (Innenkrümmungsdurchmesser = Probendicke)	$\geq 60°$
Elastizitätsmodul	$1,1 \cdot 10^5$ N/mm^2

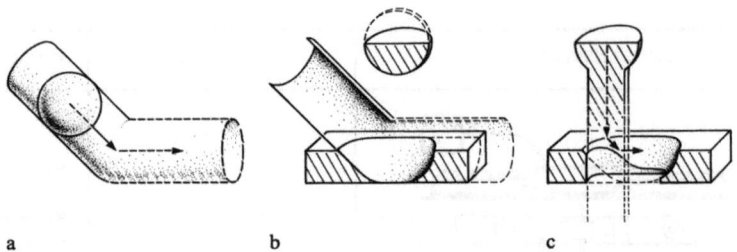

Abb. 2a–c. Das Spannloch der dynamischen Kompressionsplatte (DCP[4]): Die Schraubenloch-Geometrie der dynamischen Kompressionsplatte bewirkt, daß beim Eindrehen des sphärischen Schraubenkopfes entlang der Spannbahn eine axiale Vorspannung im Knochen erzeugt wird. a Kugelgleitprinzip: eine Kugel durchläuft die Bahn eines schräggestellten (Spannbahn) und eines horizontalen (Gleitbahn) Zylinders. b Die Schraube ist kugelförmig angesenkt. Das Schraubenloch setzt sich aus Segmenten der 2 Zylinder zusammen. c Beziehung zwischen Schraube und Spanngleitloch im Längsschnitt. (Aus Perren et al. [84])

Durch Modifikation dieser dynamischen Kompressionsplatte konnten die speziellen Bedingungen für die erwähnten Versuchsgruppen geschaffen werden:

Meßplatte. Eine Meßkammer wurde zwischen die beiden mittleren Löcher der schmalen dynamischen Kompressionsplatte der AO, Typ 423, eingebaut. Die Kammer enthielt elektronische Meßelemente zur Registrierung der axialen Kräfte (s.S. 10).

Dynamische Kompressionsplatte Typ 425. Die breite AO-Platte vom Typ 425 wurde unverändert in der Gruppe „1 Platte mit Kompression" verwendet.

Geschwächte Platte. Die breite dynamische Kompressionsplatte der AO, Typ 425, wurde durch Reduktion ihrer Dicke zwischen den beiden mittleren Löchern von 5 auf 3 mm flexibler gestaltet. Errechnetes Trägheitsmoment: 36,0 mm[4].

Wir verwendeten AO-Schrauben vom Typ 414. Sie zeichnen sich durch eine kugelförmige Kopfauflage aus, die in die geometrische Form der Schraubenlöcher paßt.

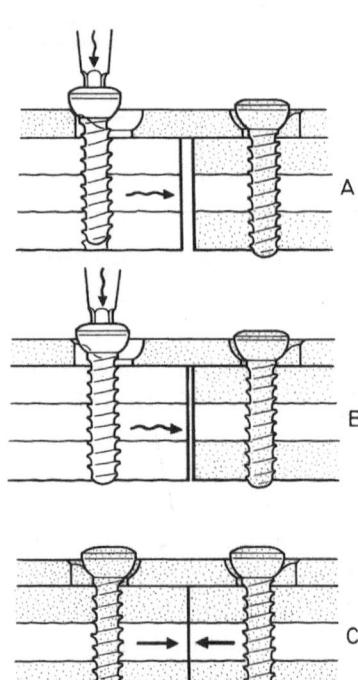

Abb. 3. Axiale Vorspannung des Knochens durch die dynamische Kompressionsplatte: Die schräge Gleitebene der Schraubenlöcher ermöglicht axiale Kompression der Osteotomieflächen ohne Anwendung eines äußeren Spanners. Mit Hilfe einer ersten Schraube wird das Implantat am einen Hauptfragment verankert. Das Hineingleiten (A-C) der 2. Schraube entlang der schrägen Gleitfläche des Schraubenloches führt zu einer Verschiebung (∿) des 2. Hauptfragmentes in Richtung Osteotomie. Nach vollständiger Adaptation wirkt eine axiale Kraft (→): Zug auf die Platte und Druck auf die Osteotomie

---

[4] Dynamische Kompressionsplatte der Arbeitsgemeinschaft für Osteosynthesefragen (AO).

Zur Durchführung der Osteosynthesen diente das Instrumentarium der Arbeitsgemeinschaft für Osteosynthesefragen (AO). Die angewandte Operationstechnik entsprach den Prinzipien der AO [79].

2.3. Methoden

2.3.1. Narkose und operatives Procedere

Die Vorbereitung zur Operation begann mit einer Nahrungskarenz von 48 Std. Als Prämedikation erhielten die Tiere Atropin 0,4 mg (!)/kg Körpergewicht i.m. Wir legten einen Venenkatheter von 1,5 mm ⌀ percutan in die Vena jugularis externa ein und schlossen 500 ml einer 5%igen Glucoselösung als Basisinfusion an. Die Narkose wurde mit Penthobarbital Natrium (Nembutal) eingeleitet. Die Richtdosis betrug 10 mg/kg Körpergewicht, doch wurde im Einzelfall soviel appliziert, daß Lid- und Schluckreflexe verschwanden und vor allem die Kaumuskulatur erschlaffte. Danach war die Intubation mit einem Tubus von 10 mm ⌀ möglich. Die Narkose führten wir mit einem Fluothan-Sauerstoffgemisch im halboffenen System (2–3 l/min) durch. Die Konzentration von Fluothan variierten wir zwischen 1–2,5 Volumen-Prozent, wobei jeweils ein Anstieg der Atemfrequenz oder die Rückkehr von Spontanbewegungen zur Konzentrationserhöhung veranlaßten. Den Mageninhalt drainierten wir mit einer Sonde von 20 mm ⌀. Hiermit konnten atemstörende Blähungen infolge von Gärung (Tympanie) während jener Zeit vermieden werden, da die Regurgitation des Tieres gestört war.

Die Operation erfolgte unter sterilen Kautelen. Nach Lagerung in Rechtsseitenlage rasierten wir das rechte Bein, entfetteten mit Äther, desinfizierten mit Desogen und deckten mit Hilfe von Vi-Drape-Spray und Folie ab. Durch eine hintere mediale Incision, die der Länge des Implantates entsprach, stellten wir die rechte Tibia unter Erhaltung des Periostes dar. Die Osteotomie führten wir in der Mitte der Diaphyse unter Verwendung einer oszillierenden Säge mit 100 µm dickem Sägeblatt durch. Thermische Schäden sollten durch konstantes Spülen mit viel Ringerlactat-Lösung vermieden werden. Der Stabilisierung dieser Osteotomie dienten die dynamischen Kompressionsplatten der AO (s.S. 5). Beim Anziehen jeder Schraube bestimmten wir abschließend das Drehmoment (s.S. 12).

Am Ende der Operation legten wir eine Vakuumdrainage für 24–48 Std an und verschlossen die Incision mit intracutanen Einzelknopfnähten unter Verwendung von atraumatischem Kunststoffaden (Dermalon 4-0). Die Wunde wurde mit Nobecutan besprayt und ohne Verband weiter behandelt. Nach Extubation und Aufwachen aus der Narkose wurden die Tiere in den Stall gebracht, wo die Belastung des operierten Beines sogleich ohne äußere Fixation freigegeben wurde.

In den drei Gruppen gingen wir bei der Metallimplantation folgendermaßen vor:

Gruppe „2 Platten mit Kompression und Druckmessung": Bei neun Schafen implantierten wir nach der Osteotomie auf der Medialseite der Tibia eine 6-Loch-DCP, auf der Tibia-Hinterseite eine 4-Loch-DCP. Beide Implantate waren mit Meßkammern ausgerüstet (s.S. 6). Einen axialen Druck auf die Osteotomieebene erwirkten wir durch entsprechende Wahl der Schraubenlage im Spanngleitloch.

Im Detail führten wir die Implantation in folgenden Schritten durch: schon vor Anlegen der Osteotomie planten wir die Lage der beiden Platten, die in der Längsachse gegeneinander um einen halben Lochabstand verschoben waren. Die beiden inneren Schraubenlöcher bohrten wir vor, das eine Loch mit Hilfe der neutralen Bohrbüchse in Neutralstellung im Spanngleitloch („zentrisch"), das andere unter Verwendung der Spannbohrbüchse 1,0 mm „exzentrisch". Durch Biegen paßten wir die beiden Platten der Tibiaoberfläche möglichst genau an.

Nach Durchführen der Osteotomie legten wir die Implantate auf und drehten die innersten zwei Schrauben in die vorgeschnittenen Gewinde ein. Dank der exzentrischen Schraubenlage konnte eine statische Längskompression auf die Osteotomieebene ausgeübt werden, die den Spalt

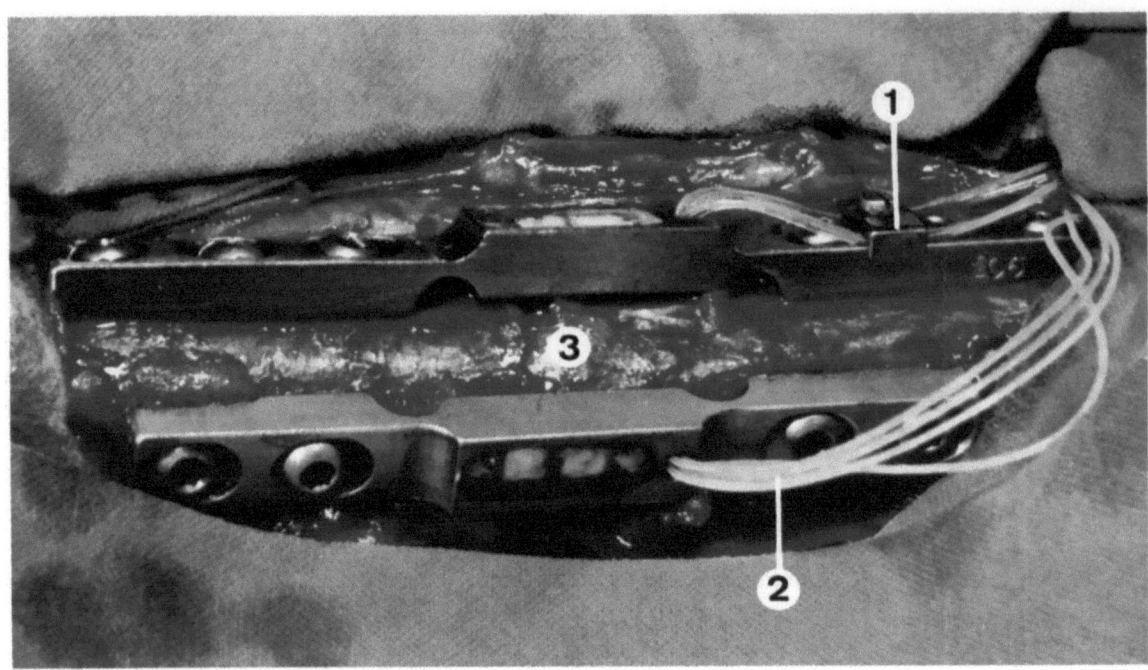

Abb. 4. Operations-Situs der Gruppe „2 Platten mit Kompression und Druckmessung": 6-Loch-Meßplatte auf der Medialseite der Tibia, 4-Loch-Meßplatte dorsal. Die Meßdrähte von der 6-Loch-Platte sind mit einer Metallklammer (*1*) an die Platte fixiert. Die Drähte der 4-Loch-Platte (*2*) sind noch nicht befestigt. Zwischen den beiden Meßkammern ist die quere Osteotomie (*3*) erkennbar. Das Periost wurde auf dem Knochen belassen

der Osteotomie makroskopisch verschwinden ließ (Abb. 4). Alle übrigen Schrauben brachten wir zentrisch an; sie ergaben damit geringe zusätzliche Kompression.

Die von der Meßkammer ausgehenden Drähte wurden durch eine Metallklammer an der Platte fixiert und so vor einem Ausreißen in Kammernähe bewahrt. Von hier aus führten wir die Kabel mit einem Führungsspieß subcutan bis in die Gegend des Trochanter major femoris, wo sie durch die Haut gezogen und in einem aufgenähten Täschchen versorgt werden konnten.

Gruppe „1 Platte mit Kompression": Bei sieben Schafen benützten wir die breite 6-Loch-DCP zur Erzeugung einer stabilen Osteosynthese. Die Anordnung der Schrauben führte ebenfalls zur Kompression der Osteotomieebene.

Das operative Vorgehen erfolgte derart: die 6-Loch-DCP paßten wir der Medialseite der Tibia soweit an, daß sie im Bereiche der geplanten Osteotomie etwa 2 mm vom Knochen abstand und damit eine sog. „Vorspannung" [61] erwirkte (Abb. 5). Das erste der beiden inneren Löcher planten wir in Mittelstellung innerhalb des Schraubenloches, das andere exzentrisch unter Verwendung der Spannbohrbüchse. Nach Vorbohren dieser beiden Kanäle legten wir die Osteotomie an. Danach führte das Einbringen der inneren beiden Schrauben durch die exzentrische Lage im Spanngleitloch und wegen der Vorspannung der Platte zu einer Kompression auf der ganzen Osteotomieebene. Alle übrigen Schrauben fixierten wir dann in der Mitte der Löcher, wodurch eine geringe zusätzliche axiale Kompression entstand (Abb. 6).

Gruppe „1 Platte ohne Kompression": Bei neun Schafen strebten wir eine instabile Überbrückung der Osteotomie an. Eine einzige, im mittleren Segment zudem verschmälerte Platte wurde medial

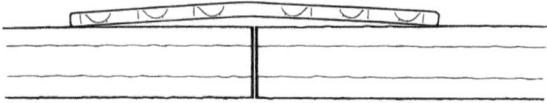
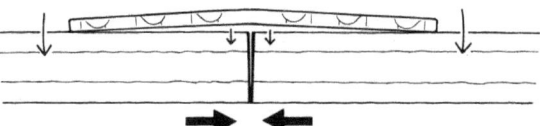
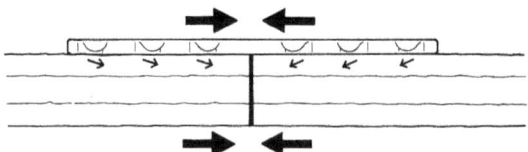
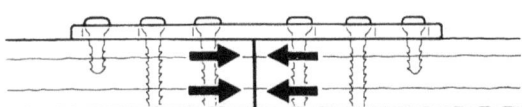

◁ Abb. 5. Prinzip der „Biege-Vorspannung" der Platte: Beim Eindrehen exzentrisch plazierter Schrauben in eine „überbogene" Platte wird axiale Längskompression auf der ganzen Osteotomieebene erzeugt. Hierdurch schließt sich der Spalt zwischen beiden Hauptfragmenten auch auf der Seite gegenüber dem Implantat. Dieses Verfahren wurde in der Gruppe „1 Platte mit Kompression" angewandt

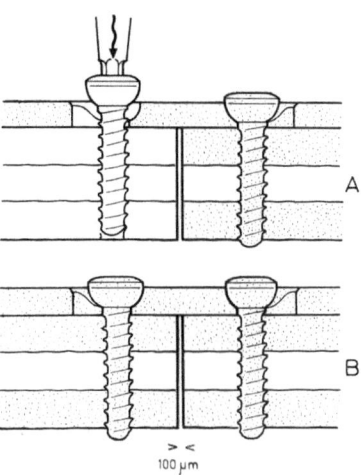

Abb. 7. Erzeugung einer Diastase im Osteotomiebereich: Die Schrauben sind derart angelegt (A), daß sie am Ende des schräggestellten Zylinders stehen und damit ein Schliessen der um 100 µm klaffenden Osteotomie verhindern (B)

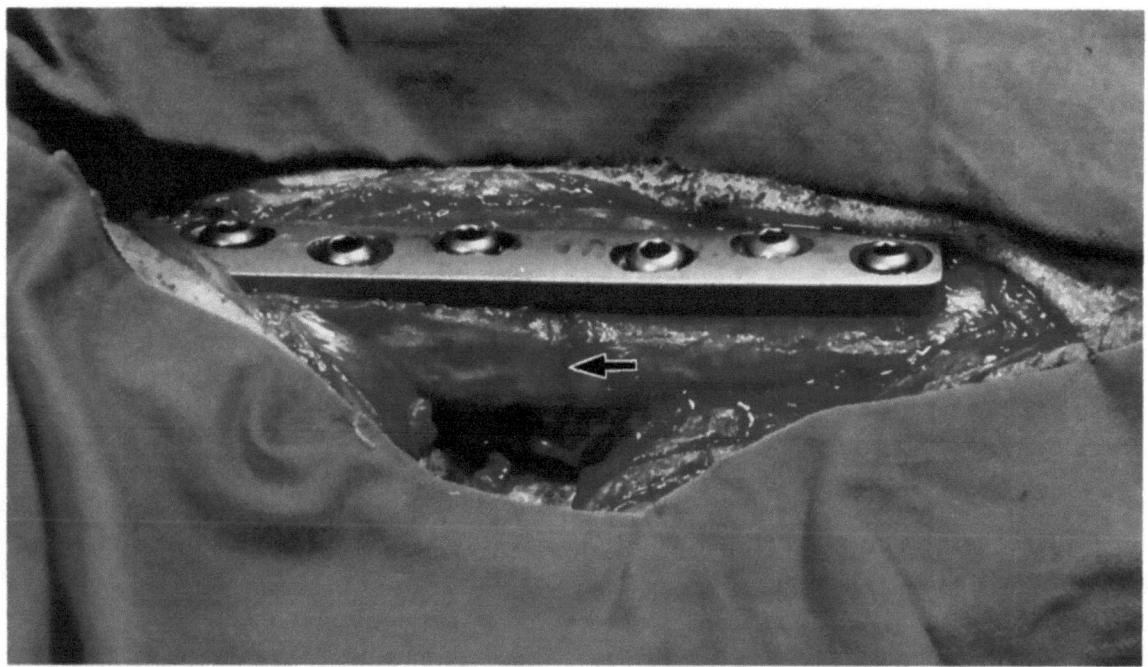

Abb. 6. Operations-Situs in Gruppe „1 Platte mit Kompression": Die Platte liegt auf der Medialseite der Tibia. Durch Vorbiegen des Implantates und 1,0 mm exzentrische Schraubenlage im Spanngleitloch steht die ganze Osteotomieebene unter axialer Längskompression und der Spalt zwischen den Hauptfragmenten (←) ist praktisch vollständig verschwunden

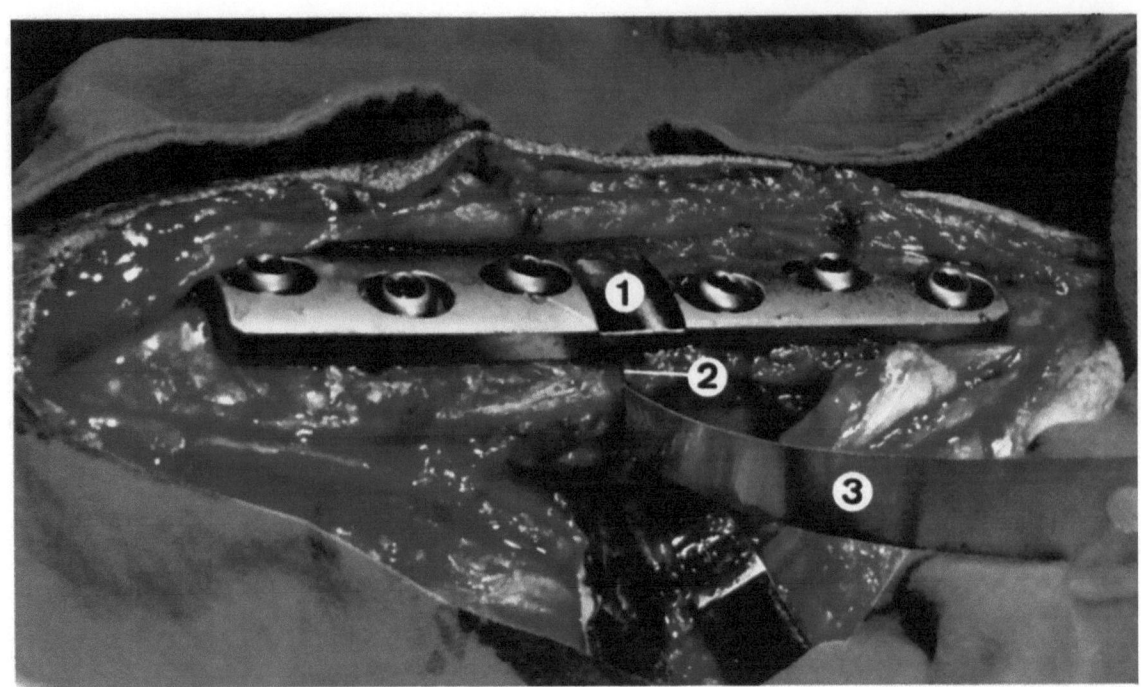

Abb. 8. Operations-Situs der Gruppe „1 Platte ohne Kompression": Die 6-Loch-Platte ist auf der Medialseite der Tibia angebracht. Die Stelle des reduzierten Querschnittes (*1*) liegt genau über der gut erkennbaren Osteotomie (*2*). Eine sog. Fühlerlehre (*3*) von 100 μm Dicke ist zur Kontrolle der Diastase vorübergehend zwischen die beiden Hauptfragmente eingeschoben

implantiert. Durch entsprechende Wahl der Schraubenlage im Spanngleitloch sollte der ganze Osteotomiespalt offengehalten werden.

Das operative Vorgehen umfaßte im einzelnen folgende Schritte: vor Anlegen der Osteotomie galt es, die breite 6-Loch-DCP der medialen Knochenoberfläche ganz genau anzumodellieren. Den Bohrkanal der einen inneren Schraube legten wir wiederum zentrisch im Schraubenloch an, die zweite innere Schraube hingegen exzentrisch am inneren Rand des Spanngleitloches. Nach Anlegen der Osteotomie schoben wir eine 100 μm dicke Fühlerlehre zwischen die beiden Hauptfragmente und legten die Platte auf. Wir achteten darauf, daß beim Anziehen der beiden mittleren Schrauben ein Schließen der um 100 μm klaffenden Osteotomie verhindert wurde (Abb. 7). Die Breite der Diastase ließ sich so fixieren, daß die Fühlerlehre gerade noch herausgezogen werden konnte (Abb. 8). Die übrigen Schrauben drehten wir in neutraler Position ein.

2.3.2. Messung des interfragmentären Druckes

Bei den Schafen der Gruppe „2 Platten mit Kompression und Druckmessung" konnte die Längskompression auf die Osteotomie mit Dehnungsmeßstreifen in der Platte bestimmt werden. Diese Methode beruht darauf, daß axial an den Kompressionsplatten angreifende Kräfte zu Längenänderungen (Dehnung) der Platte führen [83]. Die kraftabhängige Dehnung bedingt Veränderungen des elektrischen Widerstandes der Dehnungsmeßstreifen. Derartige Widerstandsänderungen bewirken eine Störung des elektrischen Brückengleichgewichtes und führen damit zum Auftreten kraftabhängiger Potentiale. Die implantierten Platten werden durch Drahtverbindungen an phasenempfindliche Trägerfrequenz-Verstärker außerhalb des Tieres angeschlossen.

Die Dehnungsmeßstreifen waren in einer Kammer zwischen den beiden mittleren Schraubenlöchern untergebracht (Abb. 9). Durch entsprechende Anordnung der Meßelemente wer-

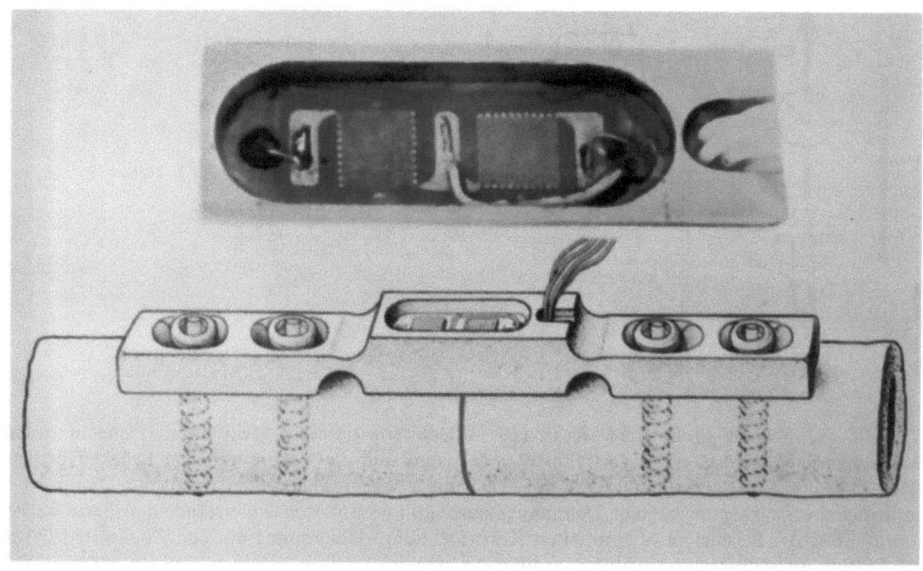

Abb. 9. Schematische Darstellung der Meßplatte und photographische Detailansicht der Meßkammer: Die dynamische Kompressionsplatte ist modifiziert. Sie enthält zwischen den beiden mittleren Schraubenlöchern eine Meßkammer mit Dehnungsmeßstreifen (DMS) zur Messung der axialen Kräfte in der Platte. Die 4 Drähte verbinden die DMS in der implantierten Platte mit dem Meßgerät außerhalb des Tieres. Am Übergang zur restlichen Platte ist der Querschnitt reduziert, wodurch sog. „plastische Gelenke" entstehen. Diese vermeiden bleibende Deformierungen im Bereich der Meßkammern durch Biege- und Torsionskräfte. Oben im Bild: Photographische Detailansicht der Meßkammer. Die Anordnung der Dehnungsmeßstreifen in Längs- und Querachse der Platte ist erkennbar

den nur die in Längsachse wirkenden Kräfte registriert. Biegekräfte konnten nur minimale elastische Verformung des Metallträgers unter den Dehnungsmeßstreifen bewirken, da sich dieser in der Nähe der Neutralachse befand. Die verbleibenden Biegeeinflüsse sind weitgehend elektrisch kompensiert worden (Wheatstone-Brücke). Eine plastische Verformung durch Biege- und Verwindekräfte wurde dadurch vermieden, daß die Meßkammer von der übrigen Platte durch zwei gelenkartige Verbindungen getrennt war. Daraus resultierte, daß nur noch *Längs*kräfte Änderungen des elektrischen Widerstandes der Dehnungsmeßstreifen bewirken konnten, um so mehr, als die gewählte elektronische Anordnung der Meßelemente zudem Temperatureffekte eliminierte.

Es bestand eine direkte Proportionalität zwischen übermitteltem Signal von den Dehnungsmeßstreifen und der Größe der Längskräfte. Diese lineare Beziehung wurde vor Implantation und nach dem Explantieren bei Raumtemperatur und 37° C getestet. Hierzu spannten wir die Platte in einen Testrahmen ein und übten mit einer Spindel Zug auf die Platte in Längsrichtung aus (Abb. 10). Durch Abgleichen des Brückenverstärkers konnten die Widerstandsänderungen der Dehnungsmeßstreifen mit den Zugkräften korreliert werden.

Da Störungen in der Isolation der Kabel oder Kammer Widerstandsänderungen der Dehnungsmeßstreifen vortäuschen könnten, haben wir vor jeder Messung die Widerstände der Meßelemente gegenüber der Platte mit einem Megohm-Meter gemessen. Sanken die Widerstände auf Werte unter 1 Megohm, so betrachteten wir die weiteren Messungen als unzuverlässig. Da diesen Isolationsstörungen meistens distale Drahtbrüche zugrunde liegen, konnte in solchen Fällen mindestens am Ende des Experimentes nach Kürzen der Drähte eine abschließende Messung vorgenommen werden.

Der verwendete Brückenverstärker war vom Typ Tepic Indikator IT 1. Vor jeder Messung wurden Null-Konstanz und Empfindlichkeit des Brückenverstärkers mit einem Standard-Präzi-

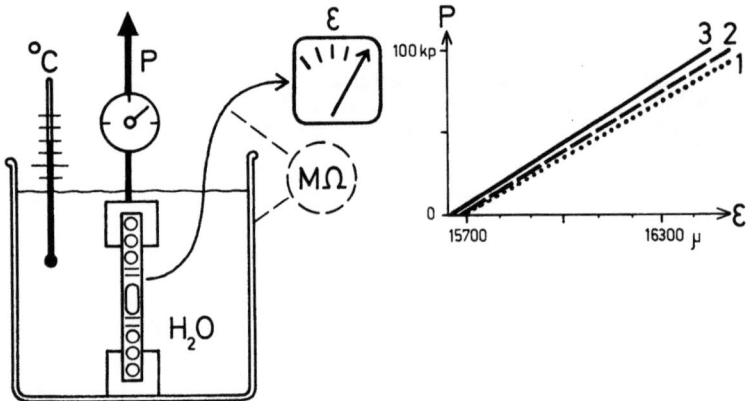

Abb. 10. Eichung der Meßplatten: Kraft (*P*) → Dehnung (*ε*): Die Meßplatte, welche in einem temperaturregulierten Wasserbad liegt, wird in einen Testrahmen eingespannt und die Drähte mit dem Brückenverstärker verbunden. Die mit einer Zugspindel angewandte Zugkraft (*P*) wird mit einem mechanischen Präzisions-Dynamometer gemessen, während der Brückenverstärker die erzeugte Dehnung (*ε*) anzeigt. Die Isolationswiderstände der Platte werden mit einem MΩ-Meter geprüft. Rechts: Beispiel eines ermittelten Kraft-Dehnungs-Diagramms mit den Zugkräften (*P*) in kp auf der Ordinate, den Dehnungsänderungen (*ε*) in μm/m (μ) auf der Abscisse. (*1*) ist die Eichkurve bei Raumtemperatur vor der Implantation, (*2*) bei 37° vor Implantation und (*3*) bei Raumtemperatur nach der Explantation. Die Beziehung ist linear und der Temperatureinfluß gering

sions-Eichgerät (Calibrator for strain indicators Peekel type C 111) kontrolliert.

Nach der in vitro-Eichung der Platte wurde die erste Messung am Tier während der Operation vorgenommen. Das Meßprotokoll setzte sich aus folgenden Schritten zusammen:
— Nullpunktbestimmung der noch nicht fixierten Platte.
— Nach Eindrehen je einer der mittleren Schrauben Messung des Nullpunktes mit Biegeeinfluß.
— Während des Anziehens jeder weiteren Schraube fortlaufende Registrierung der resultierenden Kompressionskraft.
— Nach Anziehen aller Schrauben in beiden Platten Bestimmung der Totalkraft, bezogen auf Nullpunkt mit Biegeeinfluß.

Postoperativ wurde die totale *statische* Längskompression jeder Platte erneut 15 min nach Operationsende gemessen. Diese Bestimmung wiederholten wir am liegenden Tier in Rechts-Tieflage während der ersten postoperativen Woche täglich, in der zweiten Woche zweimal, dann einmal wöchentlich. Die *dynamische* Längskompression bestimmten wir am gehenden Versuchstier kurz vor der Explantation (s.S. 13).

Bei der Explantation wurden noch einmal alle Schritte des peroperativen Meßprotokolls, aber in umgekehrter Reihenfolge, wiederholt.

2.3.3. Messung des Schrauben-Drehmomentes

Beim Eindrehen der Schrauben wird im Knochen eine Querkompression erzeugt. Ein Vergleich der Werte zu Beginn und am Ende des Versuches vermittelt einen Einblick über eine allfällige Lockerung der Implantate.

Da eine direkte Beziehung zwischen der Querkompression und dem Drehmoment (Schrauben-Drehmoment) besteht, welches beim Anziehen von Schrauben wirkt [5], beschränkten wir uns in diesen Versuchen auf die Messung der Drehmomente. Hierzu diente ein Drehmomentschraubenzieher, der als Meßelemente Dehnungsmeßstreifen enthält.

Bei der Messung des Drehmomentes zur Zeit der Explantation wurde zwischen einem Lösemoment und einem Ausdrehmoment unterschieden. Das Lösemoment, das zum ersten Aufdrehen der Schraube notwendig ist, setzt sich zusammen aus dem Reibungswiderstand zwischen

Platte und Schraube, sowie zwischen Schraubengewinde und Knochen. Das Ausdrehmoment wird erst nach einer ersten halben Drehung der Schraube ermittelt und ist nur noch Ausdruck des Widerstandes zwischen Schraubengewinde und Knochen. Durch Unterteilung in diese zwei Komponenten erhält man die Größe der Kraft, mit der die Platte gegen den Knochen gepreßt wird.

2.3.4. Messung der Gehbelastung (Kraft zwischen Huf und Unterlage)

Die Größe der Kraft, mit welcher das Tier auftritt, kann elektronisch gemessen werden. Es ergibt sich gleichzeitig die Möglichkeit, die gegenseitige Beziehung zwischen Gehbelastung und Kraftübertragung durch die implantierten Meßplatten zu untersuchen.

Wir führten die Tiere über eine Meßplattform[5], die flach in einen Laufsteg eingebaut war. Diese Bodenplatte ist mit vier piezo-elektrischen Meßelementen starr verbunden und erlaubt während der Belastung keine Deformation. Beim Auftritt wird die Totalkraft in der Senkrechten gemessen. Das elektrische Signal erreicht über einen Ladungsverstärker (Kistler 568) den Mehrkanal-Tuscheschreiber (Watanabe Multicorder Typ MC 611). Die gleichzeitige Aufzeichnung der Bodendruckkraft und der Impulse von den implantierten Meßplatten (Gruppe *„2 Platten mit Kompression und Druckmessung"*) ermöglicht, die zeitliche Korrelation dieser beiden Kräfte aufzuzeigen (Abb. 11). Zusätzlich zu den Messungen am gehenden Tier führten wir einen Belastungstest derart durch, daß das Tier auf die Bodenplatte gestellt und die Belastung des Beines durch induzierte Gewichtsverlagerung gemessen wurde. In gewissen Fällen ist mit dieser Methode eine klarere Beurteilung des Kräftespiels möglich gewesen, so daß wir diese Kurven wiedergeben (Abb. 29, 30, 31, 32).

---

5 In Zusammenarbeit mit der Firma Kistler, Winterthur, entwickelt.

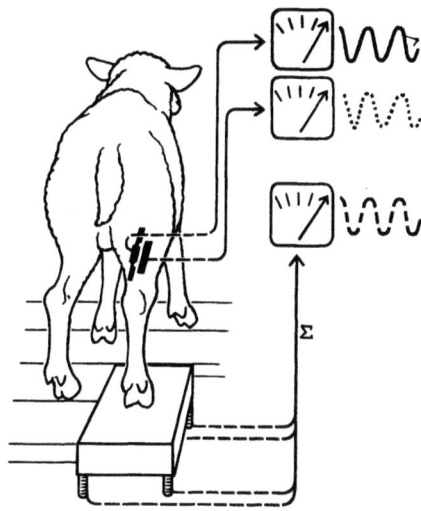

Abb. 11. Messung der Kräfte beim Gehen: Die Kraft zwischen Huf und Unterlage beim Auftreten wird mit einer elektronischen Bodenmeßplatte gemessen. Eine gleichzeitige Registrierung der Kräfte in den implantierten Meßplatten gibt einen empfindlichen Hinweis auf eine beginnende Lockerung der Implantate. Die vergleichenden Messungen der Kräfte zwischen Huf und Bodenplatte an beiden Hinterbeinen ermöglichte es, selbst ein diskretes Entlasten zuverlässig zu erfassen!

Diese Messungen des Gehvorganges erhoben wir bei allen Tieren am Ende der achtwöchigen Versuchsdauer. Die Schafe der Gruppen *„1 Platte mit Kompression"* und *„1 Platte ohne Kompression"* führten wir zusätzlich wöchentlich über die Meßplattform und registrierten die Spitzenwerte beim Belasten mit dem operierten und dem anderen Hinterbein. Hierdurch ließ sich ein Hinken objektiv erfassen.

2.3.5. Infektion und Kontrolle des Infektverlaufes

Nach gesicherter Wundheilung (sechster bis achter Tag) injizierten wir den Schafen eine bekannte Zahl Staphylokokken in den Osteotomiebereich. Der dabei verwendete Stamm war aus einem humanen Staphylokokken-Infekt isoliert worden. Nach mehreren Passagen und Blutagarplatten und in der Maus wurden die Schafe der Gruppe „2 Platten mit Kompression und Druckmessung" mit diesen Keimen infiziert. Die Tiere entwickel-

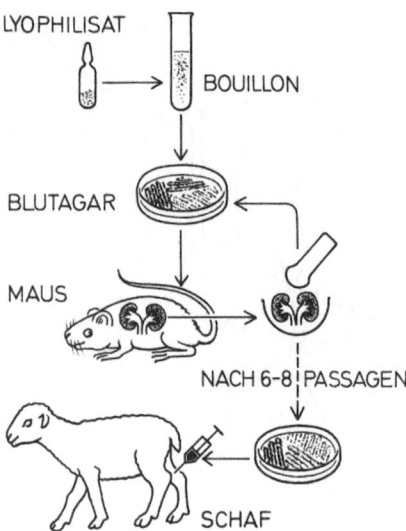

Abb. 12. Vorbereitung der Staphylokokken zur Infektion der Schafe in der Gruppe „2 Platten mit Kompression und Druckmessung": Staphylokokken eines humanen Infektes wurden isoliert und gefriergetrocknet. Nach Aufschwemmung des Lyophilisates ließ sich die Virulenz der Erreger durch mehrere Blutagar-/Mäusepassagen erhalten. Nach 5–8 Passagen infizierten wir die Schafe mit einer Aufschwemmung des Bakterienrasens von Blutagarplatten. Die Infektionsdosis wurde entweder sofort oder nach Aufbewahren der Suspensionen bei $-28°$ C in der Zählkammer nach Thoma (s.S. 15) bestimmt

ten lokale Fisteln, von denen die entsprechenden Erreger isoliert werden konnten, die jetzt eine Passage im Schaf mitgemacht hatten. Mit diesen „schafpathogenen" Keimen infizierten wir die Schafe der Gruppen „1 Platte mit Kompression" und „1 Platte ohne Kompression". Fistelabstriche untersuchten wir wiederholt auf ihren Bakteriengehalt. War kein lokales Sekret verfügbar, führten wir im Osteotomiebereich tiefe Punktionen durch. Fiel das Resultat der Untersuchung negativ aus, erfolgte eine erneute Infektion.

Der verwendete Stamm von *Staphylococcus aureus* bildete Penicillinase und reagierte mit den Bakteriophagen 47/53/54/75 des internationalen Phagensatzes für die Typisierung. $2{,}2 \times 10^8$ lyophilisierte Keime dieses Stammes suspendierten wir in 1 ml Thioglycollate-Bouillon (BBL) und bebrüteten diese Suspension während 24 Std bei $37°$ C. Mit dieser Kultur beimpften wir Blutagarplatten (Abb. 12). Nach Bebrütung während 24–48 Std ($37°$ C) wurden die Kolonien in 1 ml 0,9% NaCl-Lösung aufgeschwemmt und 0,1 bzw. 0,2 ml dieser Suspension SPF-Mäusen (specific pathogen free) vom Stamm NMRI in eine der Schwanzvenen injiziert. 24–48 Std nach Infektion töteten wir die manifest erkrankten Tiere, entnahmen die Nieren und homogenisierten sie in 3 ml 0,9% NaCl-Lösung. Das Überimpfen von 1–5 Tropfen dieser Aufschwemmung auf Blutagar führte innerhalb von 24–48 Std erneut zum Wachsen eines Bakterienrasens. Dieser wurde wiederum in physiologischer Kochsalzlösung suspendiert und den Versuchsmäusen in eine Schwanzvene injiziert. Die kombinierten Blutagar-/Mäusepassagen dienten der Erhaltung der Virulenz des Staphylokokkenstammes. Während der Blutagar-/Mäusepassagen fertigten wir zur Überprüfung der Kulturen Grampräparate der Nierenhomogenate sowie der Keimsuspensionen von den Blutagarplatten an. Von den Blutplatten verwendeten wir nur jene weiter, deren Kulturen die für den Versuchsstamm typische Pigmentierung, Hämolyse und Kolonien-Morphologie aufwiesen.

Nach fünf bis acht derartigen Passagen suspendierten wir die Keime der Blutagarplatte in 1 ml einer 0,9% NaCl-Lösung, poolten die Aufschwemmung mehrerer Platten und infizierten die Schafe der Gruppe *„2 Platten mit Kompression und Druckmessung"* mit dieser Suspension. Der für die Infektion nicht verwendete Anteil der Aufschwemmung mußte bis zur quantitativen Bestimmung der Keimzahl bei $-28°$ C tiefgefroren werden. Die Injektionen der Erreger führten wir am sechsten bis achten postoperativen Tag folgendermaßen durch: nach Lagerung des Schafes in Rechtsseitenlage ließen sich die Implantate am Unterschenkel palpieren. Wir desinfizierten die Haut über dieser Gegend mehrmals mit Desogen und injizierten 1 ml der Suspension direkt auf den Knochen in der Nähe der Osteotomie. Der Stichkanal verlief radiär, schräg von proximal außen nach distal innen zwischen den Meßkammern der beiden Platten. Die Eintrittsstelle wurde sodann mit Nobecutan besprayt und während 5–10 min mit einem Tupfer von Hand komprimiert. Danach durften sich die Tiere wieder frei bewegen.

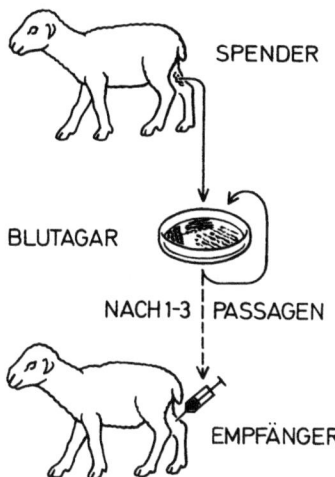

Abb. 13. Vorbereitung der Staphylokokken zur Infektion der Schafe in Gruppe „1 Platte mit Kompression" und „1 Platte ohne Kompression": Zur Infektion der Schafe in diesen Gruppen dienten Staphylokokken, welche von den lokalen Fisteln der infizierten Schafe der Gruppe „2 Platten mit Kompression und Druckmessung" isoliert werden konnten. Den Eiter überimpften wir auf Blutagarplatten. Nach 1–3 Passagen wurde das Inoculum hergestellt und wiederum entsprechende Mengen zur Keimzählung aufbewahrt

Für die Infektion der Gruppen „*1 Platte mit Kompression*" und „*1 Platte ohne Kompression*" entnahmen wir die Erreger aus dem Eiter eines Schafes der Gruppe „2 Platten mit Kompression und Druckmessung" (Abb. 13). Es handelte sich um eine reine Staphylokokken-Kultur, wie es sich aufgrund der Gramfärbung sowie der kulturellen Charakteristika bestätigen ließ. Der Phagtyp entsprach dem des Ausgangsstammes (47/53/54/75). 24–72 Std vor Setzen des Infektes mußte dieser Eiter auf Blutagarplatten überimpft werden. Nach 24stündigem Brüten bei 37° C ließen sich die gewachsenen Kolonien mit je 1 ml 0,9% NaCl-Lösung/Platte aufschwemmen. Diese Suspensionen verwendeten wir bei einem Teil der Experimente direkt zur Infektion der Versuchstiere. Bei einem anderen Teil injizierten wir die Erreger erst nach drei Blutagarpassagen. Diese Passagen führten wir durch, weil nicht alle Tiere dieser Gruppen gleichzeitig operiert werden konnten. Wiederum wurden von den zur Infektion bestimmten Lösungen aliquote Mengen zur Keimzählung tiefgefroren ($-28°$ C). Im übrigen erfolgte die Injektion der Erreger in der oben beschriebenen Weise (s.S. 14).

Die bakteriologische Verlaufskontrolle in allen Gruppen führten wir einmal während der zweiten bis vierten postoperativen Woche und erneut in der sechsten Woche durch. Wenn kein Fistelabstrich verfügbar war, diente eine Weichteilpunktion aus dem Osteotomiebereich der Beschaffung von Untersuchungsmaterial. Von diesem fertigten wir ein Direktpräparat (Gramfärbung) an, beimpften eine Nährbouillon, eine Blutagar- sowie eine McConkey-Platte. Führte das 24- bis 48stündige Bebrüten der Platten zu Bakterienwachstum, so wurden die Staphylokokkenkulturen zur Durchführung der Phagtypisierung ans Institut für Medizinische Mikrobiologie der Universität Zürich gesandt. Bei anderen Bakterienkulturen, deren Identifikation für uns nicht eindeutig möglich war, erfolgte eine Zweitbeurteilung durch das Veterinär-Bakteriologische Institut der Universität Zürich. Konnten zu Beginn der vierten Woche keine klinischen Infektzeichen festgestellt werden, oder zeigte die bakteriologische Untersuchung zu diesem Zeitpunkt wenig oder keine Staphylokokken, so erfolgte eine zweite Injektion von Staphylokokken. Diese Keime stammten vom gleichen Spendertier, waren aber zur Konservierung während 16 bis 21 Tagen in einer physiologischen Kochsalzsuspension bei $-28°$ C aufbewahrt worden. Mit dieser Keimsuspension konnte jedoch kein Infekt beim Schaf erzeugt werden. Deshalb erfolgte nach 6–11 Tagen eine erneute Injektion von Keimen. Diesmal wählten wir als Ausgangsmaterial frische Bakterien, wobei diese aus dem Abseß eines anderen noch verfügbaren Spendertieres der Gruppe „2 Platten mit Kompression und Druckmessung" gewonnen worden waren. Diese Staphylokokken erwiesen sich aufgrund des Phagtyps mit dem Ausgangstyp identisch. Die Herstellung des Inoculums sowie die Infektion der Schafe erfolgte in der oben beschriebenen Art und Weise.

Die Zellzahl in den verschiedenen Keimsuspensionen ermittelten wir nach vorhergehender Ultraschallbehandlung unter dem Phasenkontrastmikroskop in einer Bakterienzählkammer nach Thoma.

2.3.6. Radiologische Kontrollen

2.3.6.1. Übersichtsaufnahmen

Die Übersichtsaufnahmen zur Verlaufskontrolle erfolgten am liegenden Tier im antero-posterioren und medio-lateralen Strahlengang unmittelbar postoperativ und dann in 14tägigen Abständen. Technische Daten: 52–56 KV, 12 mAs, 70 cm Focus-Filmabstand, Aluminiumfilter von 3,0 mm Dicke, Curix-Special[6]-Film in einer Kassette mit Verstärkerfolie (Siemens Special). Nach Explantation des Knochens fertigten wir Aufnahmen im Faxitron 804[7] an. Technische Daten: 56 KVP, 900 mAs, Feinfocusröhre, Aluminiumfilter von 1,0 mm Dicke, Structurix-D4-Film, keine Verstärkerfolie.

Die Beurteilung der Röntgenbilder nahmen drei Radiologen und drei Knochenchirurgen unabhängig voneinander vor, unter besonderer Berücksichtigung jener Kriterien, die sie in der Klinik für die Diagnosestellung eines Knocheninfektes für ausschlaggebend befanden: *Osteolyse, Sequester, Callusbildung, Sklerosierung* und Breite sowie Schärfe des *Bruchspaltes*.

2.3.6.2. Mikroangiographie

Das Gefäßnetz kann durch Verwendung von Röntgenkontrastmitteln auf speziell angefertigten mikroskopischen Schnitten übersichtlich veranschaulicht werden. Die vorgängige Applikation von Tusche erleichtert bei der lichtmikroskopischen Untersuchung die Erkennung sehr kleiner, intraossärer Gefäße.

Nach Ablauf der achtwöchigen Versuchszeit infundierten wir 500 ml Dextran 40 (Rheomacrodex) und ligierten anschließend die rechte A. und V. femoralis in Narkose. Distal davon kanülierten wir die Arterie mit einem Polyäthylen-Katheter und eröffneten die Vene. Nach Lokalinjektion von 5000 IE Heparin in 9 ml Ringerlösung und 150 mg Ronicol (3 ml) perfundierten wir die Extremität unter konstantem Druck von 120 mmHg mit 100 ml körperwarmer Tusche, wobei ein Eindringen von Luftblasen möglichst verhindert wurde. Mit 200 ml einer feindispersen 20%igen Barium-Sulfat-Lösung (Mikropaque), die durch ein Netz mit 20 µm Porengröße filtriert worden waren, perfundierten wir unmittelbar nach der Tusche bei unveränderten Druckverhältnissen (modifizierte Methode nach RHINELANDER *et al.* [93]). Danach explantierten wir die Tibia und lagerten sie bei −28° C. Die weitere Verarbeitung zur Mikroangiographie erfolgte im Rahmen der übrigen histologischen Aufarbeitung (s.S. 18). Hierbei wurde mit der Kreissäge ein 1 mm dicker Längsschnitt vom entkalkten, in Methylmethacrylat eingebetteten medialen Halbzylinder entfernt. Die mikroangiographischen Bilder erhielten wir nach 30minütiger Exposition im Faxitron 804 bei einer Röhrenspannung von 19–22 KVP und einer Stromstärke von 3mA. Als Filme dienten Kodak High Resolution Plates Sp 0650 und Spectroscopic Plates 649-0.

2.3.6.3. Mikroradiographie

Die Mikroradiographie gibt vor allem Auskunft über die räumliche Beziehung zwischen frischen Knochenablagerungen und älteren Knochenstrukturen. Die Differenzierung beruht auf ungleicher Strahlenabsorption der Gewebe verschiedener Kalkdichte.

Bei der histologischen Aufarbeitung stellten wir aus dem Bereiche der Osteotomiezone 100 µm dicke Sägeschnitte her (s.S. 17). Diese unentkalkten Präparate exponierten wir Röntgenstrahlen im Faxitron 804-Gerät. Die Aufnahmedaten waren: Röhrenspannung 19–22 KVP, Stromstärke 3 mA, Belichtungszeit 30 min. Die auf Kodak High Resolution Plates Sp 0650 aufgenommenen Filme wurden bei 10facher Vergrößerung photographisch abgebildet.

2.3.7. Polychrome Fluorescenzmarkierung und histologische Aufarbeitung

Um den zeitlichen und räumlichen Ablauf des Knochenumbaus histologisch besser erfassen zu können, applizierten wir den Schafen in festgelegten

---

6 Firma Agfa Gevaert.
7 Field Emission Corp., Oregon USA.

Tabelle 2. Polychrome Sequenzmarkierung des Knochenumbaus mit Fluorochromen

Markierung	Zeitpunkt	Substanz	Dosis (mg/kg)
CB_1	2. Woche	Calceinblau	30
CB_2	3. Woche	Calceinblau	30
XO	4. Woche	Xylenolorange	90
C_1	5. Woche	Calceingrün	20
C_2	6. Woche	Calceingrün	20
AK	7. Woche	Alizarin-komplexon	30

Zeitintervallen fluorescierende Markiersubstanzen, die im Knochen eingebaut werden. Vom explantierten Knochen wurden einerseits feine Sägeschnitte angefertigt, welche die neugebildeten Knochenablagerungen zeigen, und andrerseits dünne entkalkte Schnitte, welche die Zellen selber zur Darstellung bringen.

Die Markiersubstanzen wurden als steril filtrierte 3%ige Lösungen in Natrium-Bicarbonat subcutan injiziert. Tabelle 2 gibt Einblick in die Reihenfolge, Art und Dosis der Fluorochrome [87, 88, 90].

Die histologische Aufarbeitung erfolgte nicht sofort nach der Explantation. Deshalb wurden die frisch entnommenen Knochen bei $-50°\,C$ schnell eingefroren und anschließend bei $-28°\,C$ gelagert. Mit einer Kreissäge, deren Blatt mit flüssigem Stickstoff gekühlt war, entfernten wir dann den Knochenzylinder zwischen den platteninnersten Schrauben. Er trug die Stelle der Osteotomie. Abb. 14 gibt eine Übersicht über diesen Schnitt sowie die nachfolgende weitere Aufteilung unter Numerierung der Schnittlagen. Zuerst folgte die Auftrennung in einen medialen Halbzylinder, auf dem zuvor die 6-Loch-Platte lag, und einen lateralen Halbzylinder. Die weitere Aufarbeitung der beiden Stücke verlief getrennt:

Lateraler Halbzylinder:
— Entwässern durch „aufsteigende Alkoholreihe" (40%, 80%, 96%, 100% während je einem Tag); dann Xylol (1–2 Tage).
— Einbetten in Methylmethacrylat (MM): Präparat wird in stabilisiertem monomerem MM während 1 Tag eingelegt. Es wird dann in eine Mischung von 100 ml MM + 2 g Benzoylperoxyd (entwässert über Calcium-

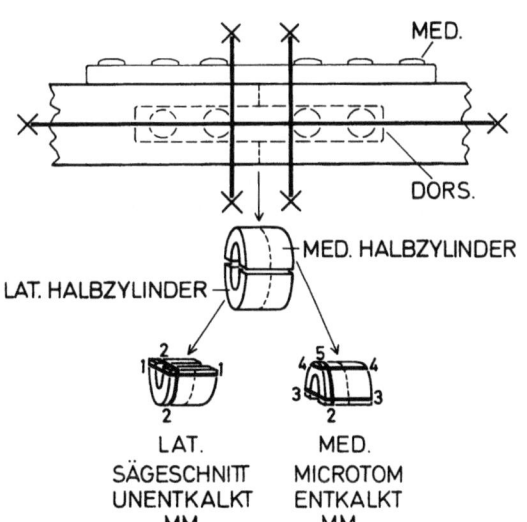

Abb. 14. Schnittrichtungen bei der histologischen Aufarbeitung der explantierten Knochen: Ein Knochensegment wird zwischen den innersten 2 Schrauben herausgeschnitten und in einen lateralen und medialen Halbzylinder aufgeteilt. Die Verarbeitungsart ist am entsprechenden Knochenstück bezeichnet (z.B. MM = Methylmethacrylat). Die Zahlen bezeichnen die im Text erwähnten Schnitte

chlorid) gegeben, in welcher es zwecks besseren Eindringens der Lösung während 1 Tag geschüttelt wird. Abschließend wird das Präparat in einer Mischung von 100 ml MM + 4 g Benzoylperoxyd + 2,5 ml Plastoid eingelegt und zum Polymerisieren in einem Wasserbad in den Brutschrank (34° C) gestellt (modifizierte Methode nach SCHENK [100]).
— Längs- (1) und Querschnitte (2).
— Schleifen der Schnitte zwischen zwei aufgerauhten Glasplatten bis auf eine Dicke von 80 μm.

Diese nichtgefärbten Sägeschnitte fanden für die Hellfeld- und Fluorescenzmikroskopie sowie für die Mikroradiographie Verwendung.

Medialer Halbzylinder:
— Fixieren in 40%igem Äthanol während mehrerer Tage.
— Entkalken mit 15%iger Ameisensäure während 2 Tagen.
— Entwässern in aufsteigender Alkoholreihe, dann Xylol.
— Einbetten in Methylmethacrylat.
— Längs- (3 und 4) und Querschnitte (5) von 6 μm Dicke mit dem Zeiss-Hartschnitt-Mikrotom.
— Färben mit Haemalaun-Eosin nach Goldner-Masson-Trichrom und Gallamin-Giemsa (nach BURKHARDT [13]).

An diesen entkalkten Mikrotom-Schnitten studierten wir vor allem die Feinstrukturen der Knochen- und Weichteilzellen. Den Restblock verwendeten wir für die Mikroangiographien (s. S. 16).

2.4. Zusammenfassung des Versuchsablaufes (Abb. 15)

Wir stabilisierten quere Tibiaosteotomien am Schaf mit unterschiedlichen Implantaten unter Bestimmung der aufgewendeten Drehmomente der Schrauben. Nach einer Woche injizierten wir Staphylokokken in den Osteotomiebereich. Lokale bakteriologische Nachkontrollen nahmen wir zweimal zwischen der zweiten und sechsten postoperativen Woche vor. In vereinzelten Fällen, bei denen im bakteriologischen Abstrich keine oder wenige Staphylokokken nachgewiesen werden konnten, wiederholten wir die Injektion von Erregern. Die Belastung der operierten Extremität beurteilten wir klinisch und mit einer elektronischen Meßplattform. In einer Gruppe registrierten wir die Belastung am Versuchsende zusammen mit der Kraftübertragung der implantierten Meßplatten. Den interfragmentären Druck bestimmten wir in einer Gruppe zuerst peroperativ und dann periodisch bis zur Schlußmessung bei der Explantation. Am Versuchsende (neunte Woche) führten wir bei allen Tieren bakteriologische Kontrollen, Kontrastmittelfüllungen der Gefäße und beim Entfernen der Schrauben Drehmomentmessungen durch. Es schloß sich dann die histologische Untersuchung an.

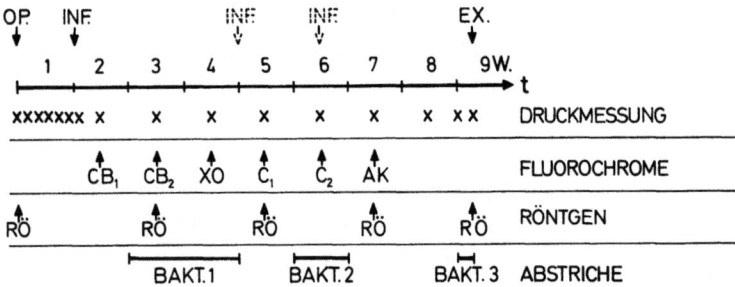

Abb. 15. Übersicht über den Versuchsablauf: Auf der Zeitachse (t) sind die Abstände in Wochen (W) markiert. OP: Operation mit Osteotomie und Osteosynthese mit Drehmomentmessung. INF: Lokale Erregerinjektion und eventuelle Reinfektionen. EX: Explantation mit Bestimmung Bodendruckkraft, Gefäßdarstellung, Drehmoment-Messung, Bestimmung der interfragmentären Restkraft. X: Messungen der interfragmentären Kompression in Gruppe „2 Platten mit Kompression und Druckmessung". CB_{1-2}, XO, C_{1-2}, AK: Applikation der Fluorochrome (s. Tabelle 2). Rö: Röntgenkontrollen. Bakt. 1–3: Bakteriologische Kontrollen

3. Resultate

3.1. Allgemeines

Alle Tiere haben den operativen Eingriff komplikationslos überstanden. Ein Schaf starb in der dritten postoperativen Woche, als es sich mit dem Hals im Gehege verfing (Asphyxietod). An Allgemeinerkrankungen sind drei Tiere ad exitum gekommen, wobei in zwei Fällen eine Generalisierung des Lokalinfektes nicht sicher ausgeschlossen werden kann. Zwei Tiere der Gruppe

Tabelle 3. Übersicht über alle Tiere, welche vom Versuch ausgeschlossen werden mußten: 6 Schafe mußten im Verlauf des Experimentes ausgeschlossen werden. 3 Tiere starben vor der Bakterien-Injektion, 2 vor Durchführen der ersten bakteriologischen Kontrolluntersuchungen.
1) Ausgefallen vor Infektion mit Staphylokokken.
2) Untersuchung nicht durchgeführt oder nicht verwertbar

Tage postop.	Schaf Nr.	Gruppe	Pathol.anatomischer Befund	Bakt.Kontrollen Wunde	Bakt.Kontrollen Organe
6	1453	"1 Platte mit Kompression"	Herz: Herdförmige Degeneration, Sarcosporidien +++ Milz: Hyperaemie Leber: Vergrösserung	1)	Leber: E.coli Milz: E.coli Muskulat.: E.coli Cl.Welch.
6	1954	"1 Platte ohne Kompression"	Tibiafraktur	1)	2)
7	1459	"1 Platte ohne Kompression"	Tibiafraktur	1)	2)
16	18	"2 Platten mit Kompression & Druckmessung"	Lunge: Hyperaemie +++, Oedem + Herz: Sarcosporidien +++, Degeneration + Lykn.: Oedem ++, Plasmazellen ++ Milz: Hyperaemie +++	Staph. aureus haem., Gram neg. Stäbchen, Strept. A	Leber: E.coli
19	2298	"1 Platte ohne Kompression"	Lunge: Hyperaemie +++, Oedem +++ Herz: Hyperaemie, Oedem, Blutungen Leber: Hyperaemie NB.In Futterkrippe verfangen → Asphyxie	2)	2)
21	22	"1 Platte mit Kompression"	Lunge: Oedem +++, Hyperaemie +++ Leber: Leberegel, herdförmige Infiltrate, chron.Cholangitis Lykn.: verhärtet Niere: akute Nephrose	2)	Leber: E.coli Milz: E.coli Niere: E.coli

„1 Platte ohne Kompression" erlitten innerhalb der ersten Woche eine Fraktur des operierten Beines. Tabelle 3 führt die erwähnten Tiere an, welche im Verlaufe des Experimentes wegen allgemeiner oder lokaler Komplikationen ausfielen. Es verblieben 19 Tiere im Versuch: Gruppe „2 Platten mit Kompression und Druckmessung" 8 Schafe, „1 Platte mit Kompression" 5 Schafe, „1 Platte ohne Kompression" 6 Schafe. Bei einem dieser Tiere brachen wir den Versuch in der siebten postoperativen Woche wegen einer schweren Allgemeinerkrankung vorzeitig ab. Eine akute, teils eitrig-nekrotisierende Encephalitis lag vor, wobei eine Listeriose nicht ausgeschlossen werden konnte. An weiteren Erkrankungen beobachteten wir einmal Husten, dreimal Conjunctivitis purulenta, einmal Hyper-Tachypnoe, einmal Gleichgewichtsstörungen und einmal Klauenfäule. Diese Symptome dauerten jeweils nur wenige Tage, wobei auch diese Schafe keine Antibiotica erhielten.

Frühestens 30 min und spätestens 12 Std nach Operationsende erhoben sich die Tiere. Bei verschiedenen Schafen war während unterschiedlich langer Zeit ein Schonhinken zu beobachten. Die Wundheilung verlief bis gegen Ende der ersten Woche bei allen Tieren ungestört. Nach der lokalen Staphylokokken-Injektion kam es bei 16 der 19 Schafe zu einer sekundären Wundheilungsstörung mit Fistelbildung. In den bakteriologischen Abstrichen fanden sich bei allen Tieren wiederholt Staphylokokken oder Erreger eines Mischinfektes, nachdem bei vier Schafen eine Nachimpfung vorgenommen worden war.

Die histologischen Untersuchungen zeigten, daß 18 von 19 Tieren nach acht Wochen eine knöcherne Überbrückung der Fragmente aufwiesen.

Bei der weiteren Besprechung der Resultate sind die Schafe individuell aufgeführt, um die Erfassung des Verlaufes bei den einzelnen Tieren zu ermöglichen.

3.2. Lokalinfekt

Der Bakteriengehalt der Suspensionen, die zur Infektion der Schafe dienten, ist in Tabelle 4 aufgeführt. Bei den ersten vier Schafen (739, 1297, 878, 741) konnte die Bestimmung aus technischen Gründen nicht vorgenommen werden. Die Keimzahlen der übrigen Tiere wiesen mit $3{,}1–12{,}9 \times 10^{10}$ relativ geringe Schwankungen auf.

Der Ablauf der Lokalinfekte ist in den Tabellen 5 bis 7 gruppenweise zusammengefaßt.

Tabelle 4. Liste über den Keimgehalt der Suspensionen, welche zur Infektion der Schafe verwendet wurden: Die Suspensionen dienten meist der Infektion mehrerer Tiere. Die Keimzahlen schwankten in den verschiedenen Aufschwemmungen nur wenig

SUSPENSION	EMPFAENGER-SCHAFE	KEIMZAHL IN 10^{10}/ml
I	15 / 821 / 16	4,5
II	785 / 847	3,5
III	21 / 1829	4,9
IV	2287	12,9
V	23/24/2265/4214/4213	3,1
VI	279 / 1008	5,7

Tabelle 5. Die Resultate der bakteriologischen Untersuchungen und des klinischen oder autoptischen Lokalbefundes in Gruppe „2 Platten mit Kompression und Druckmessung"

SCHAF NR	1.Bakt.-Kontrolle 2.-4.Woche	2.Bakt.-Kontrolle 5.-6.Woche	3.Bakt.-Kontrolle Exitus(9.W.)	Phagtyp a)bei 1.Bakt.-Ko. b)bei 3.Bakt.-Ko.	Klin.oder Autopsiebefund
739	Staph. aureus	Staph. aureus	Staph. aureus	a)6/47/53/54/ 75/83A b)6/42E/47/53/ 54/75	Calor, Hinken, grosser Callus-Tumor
1297	Staph. aureus	Staph. aureus	Staph.aureus wenig, Staph.epidermidis	a)6/42E/47/53/ 54/75/83A b)nicht typisierbar	Fistel 3.-9.Woche
878	Staph.aureus wenig, β-haemolyt. Streptokokken	Staph.aureus wenig, β-haemolyt. Streptokokken	Staph.aureus wenig, β-haemolyt. Streptokokken, Neisseria	a)3A/3C b)3A	Abszess 4.-9.Woche
741	Staph. aureus	Staph.aureus wenig, β-haemolyt. Streptokokken	Staph. aureus	a)6/47/53/54/ 75/83A b)6/42E/47/53/ 54/75	Fistel 3.-9.Woche
15	Staph.aureus, Pneumokokken, Gram neg. Stäbchen	Staph.aureus, β-haemolyt. Streptokokken	Staph.aureus, β-haemolyt. Streptokokken	a)6/47/54 b)6/42E/47/53/ 54/75	Fistel 2.-9.Woche
821	Staph. aureus	Staph. aureus	Staph. aureus	a)6/47/53/54/ 75/83A b)6/42E/47/53/ 54/75	Fistel 6.-9.Woche, vorher unauffällig
16	Staph. aureus	Staph. aureus	Staph. aureus	a)6/47/53/54/ 75/83A b)6/42E/47/53/ 54/75/83A	Fistel in 3.Woche, nachher nur Calor, 2 tiefe Abszesse b.Exitus
2287	Staph. aureus	Staph. aureus	kein Wachstum	a)6/47/53/54/ 75/83A b)---	Fistel ab 7.Woche, vorher Calor, Hinken

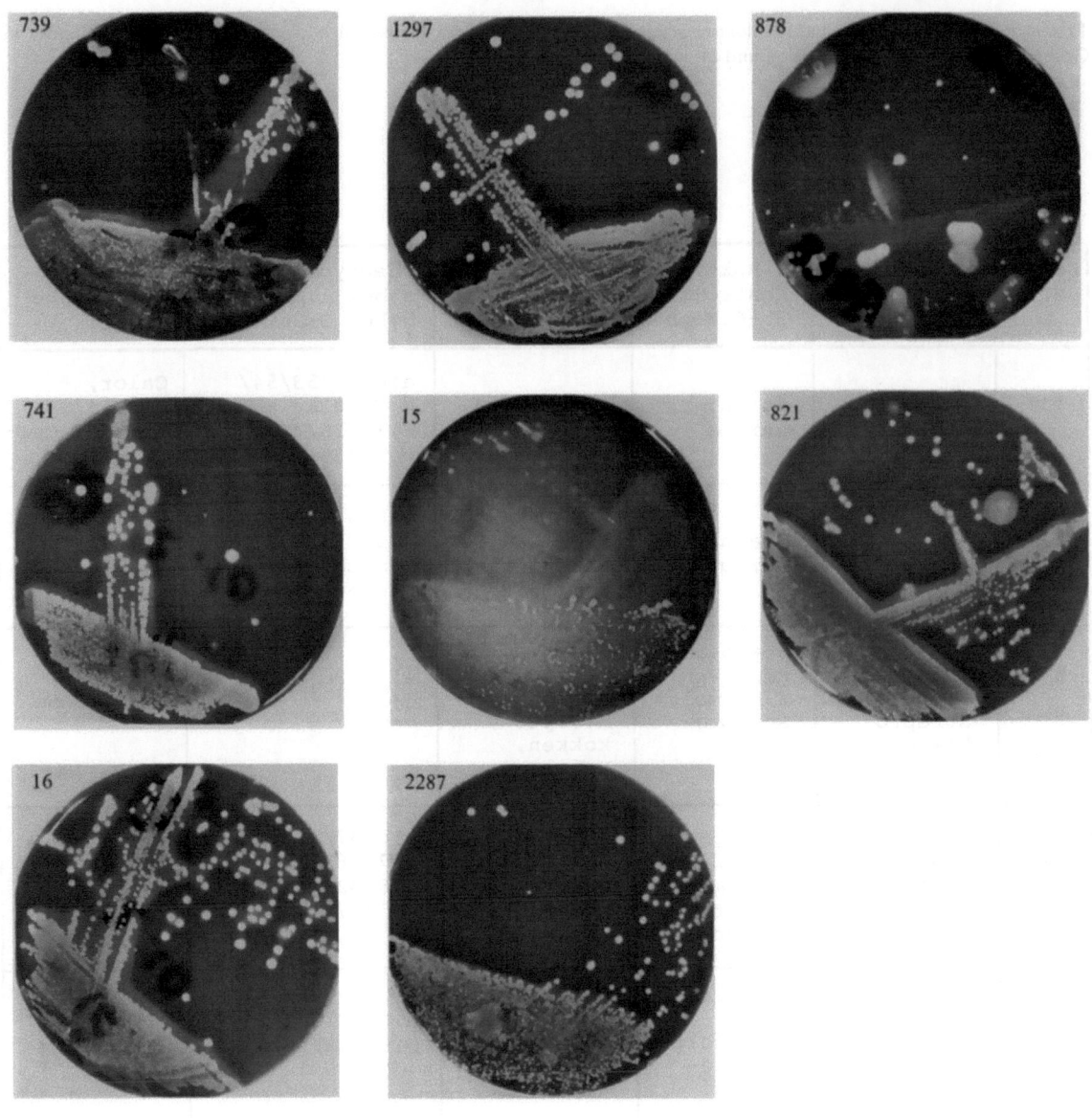

Abb. 16. Übersicht der bakteriologischen Kontrolle in Gruppe „2 Platten mit Kompression und Druckmessung": Die Blutagarplatten einer bakteriologischen Verlaufskontrolle zeigen, daß bei allen Tieren hämolytische Staphylokokken nachgewiesen werden konnten

Gruppe *"2 Platten mit Kompression und Druckmessung"* (Tabelle 5):

Bakterien. Drei Schafe (739, 821, 16) zeigten bis zur Explantation Staphylokokken-Monoinfekte, bei vier Tieren (1297, 878, 741, 15) waren als Begleiterreger Staphylococcus epidermidis, β-hämolytische Streptokokken, Pneumokokken, gramnegative Stäbchen und Neisserien hinzugekommen (Abb. 16). Bei einem Schaf (2287) verlief die Schlußuntersuchung negativ, nachdem zuvor wiederholt Staphylococcus aureus in reiner Kultur nachgewiesen worden war. Soweit sich der Phagtyp bestimmen ließ, stimmte er mit dem des ursprünglich injizierten Keimes überein [10], außer in einem Fall (Schaf 878), bei dem wahrscheinlich eine Superinfektion mit einem anderen Staphylokokkenstamm auftrat.

Nachimpfung. Da der Infekt bei allen Schafen dieser Gruppe anging, erübrigten sich weitere Erregerinjektionen.

Klinischer Lokalbefund. Die lokalen Infektionszeichen waren bei den Monoinfekten mit Staphylokokken und im Fall mit terminal fehlendem Bakteriennachweis deutlich geringer als bei den Mischinfekten, wo meist tiefe Abscesse und stark fließende Fisteln (siehe z.B. Abb. 17) bestanden.

Allgemeinerkrankung aufgrund des Infektes. Als mögliche Komplikationen des Lokalinfektes können ein Fall von Husten (Schaf 878) und eine Conjunctivitis (Schaf 741) aufgeführt werden.

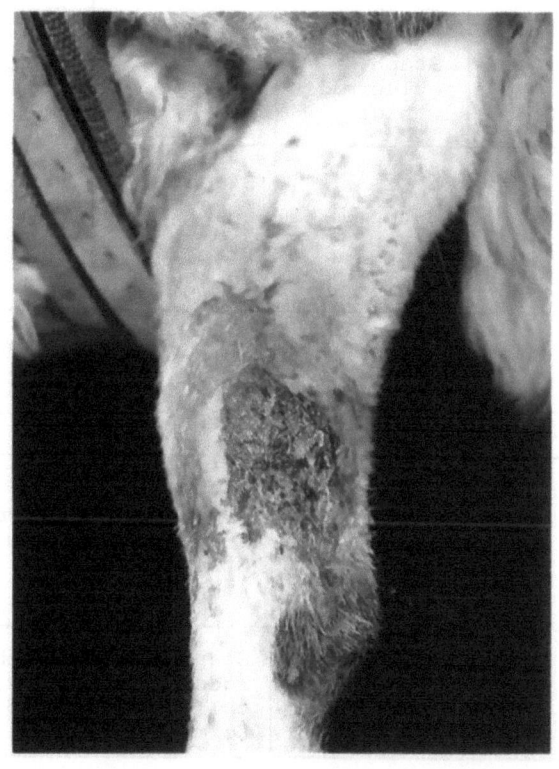

Abb. 17. Lokalbefund bei einem Schaf der Gruppe „2 Platten mit Kompression und Druckmessung": In der 4. Woche zeigt das Schaf 15 eine stark fließende Fistel (Mischinfekt)

Gruppe „*1 Platte mit Kompression*" (Tabelle 6):

Bakterien. Alle Tiere dieser Gruppe zeigen einen Mischinfekt; bei einem Schaf (2665) fehlten bei der Schlußuntersuchung Staphylokokken. Als häufigste Begleiterreger ließen sich E. coli und β-hämolytische Streptokokken nachweisen, seltener Staphylococcus epidermis und Corynebacterium pyogenes (Abb. 18). Es trat keine Veränderung des Phagtyps ein.

Nachimpfung. Zwei der fünf Tiere zeigten bei der ersten bakteriologischen Untersuchung nur geringes oder kein Staphylokokken-Wachstum (Schafe 23+2665). Auch im Anschluß an die erste Nachimpfung (tiefgefrorene Staphylokokken, s.S. 15) fiel die bakteriologische Prüfung negativ aus. Nach einer weiteren Nachimpfung zeigten beide Tiere massive Mischinfekte, im einen Fall ohne Staphylokokken.

Klinischer Lokalbefund. Alle Tiere dieser Gruppe hatten Fisteln, die bei vier Tieren (279, 23, 2665, 4213) von der dritten bis vierten Woche an persistierten, während die Fistel beim Schaf 1829 bald wieder spontan zurückging.

Allgemeinerkrankung aufgrund des Infektes. Eine Komplikation des Lokalinfektes dürfte wahr-

Tabelle 6. Die Resultate der bakteriologischen Untersuchungen und des klinischen oder autoptischen Lokalbefundes in Gruppe „1 Platte mit Kompression": Das Schaf 23 starb in der 7. Woche, so daß statt einer 2. bakteriologischen Untersuchung in der 6. Woche direkt die Schlußbeurteilung der Erregerflora beim Exitus durchgeführt wurde; 1) nicht durchgeführt

SCHAF NR	1.Bakt.-Kontrolle 4.Woche	2.Bakt.-Kontrolle 6.Woche	3.Bakt.-Kontrolle Exitus(9.W.)	Phagtyp a)bei 1.Bakt.-Ko. b)bei 3.Bakt.-Ko.	Klin.oder Autopsiebefund
1829	Staph.aureus, Staph.epidermidis wenig	Staph.aureus	Staph.aureus, Staph.epidermidis	a) 80/6/42E/47/ 53/54/75/83A b) 6/42E/47/53/ 54/75	Fistel in 5.Woche, Rubor,Calor, Chron.Granulat.gewebe
279	Staph.aureus, β-haemol. Streptokokken wenig	Staph.aureus, β-haemol. Streptokokken	Staph.aureus, C.pyogenes, E.coli	a) 6/42E/47/53/ 54/75/83A b) 6/42E/47/53/ 54/75/83A	Fistel 4.-9.Woche
23	β-haemol. Streptokokken, E.coli	1)	Staph.aureus, E.coli, C.pyogenes	a) --- b) 3A/6/42E/47/ 53/54/75	Fistel 3.-9.Woche
2665	Staph.aureus wenig, C.pyogenes, β-haemol. Streptokokken	C.pyogenes, β-haemol. Streptokokken	C.pyogenes, E.coli	a) 6/42E/47/53/ 54/75 b) ---	Fistel 3.-9.Woche
4213	Staph.aureus	Staph.aureus, coliforme Keime	Staph.aureus, E.coli	a) 6/42E/47/53/ 54/83A b) 6/42E/47/53/ 54/75	Fistel 3.-9.Woche

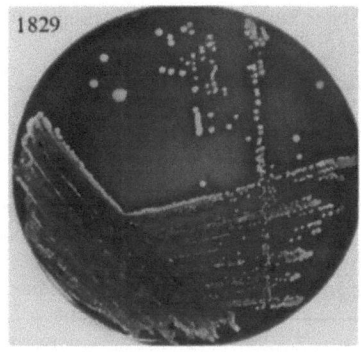 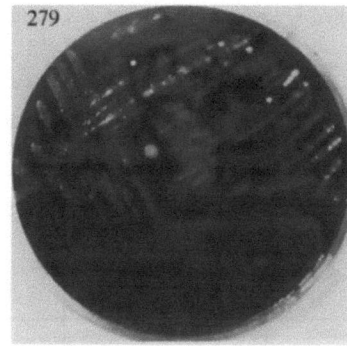 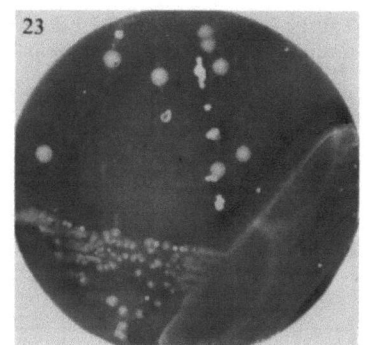
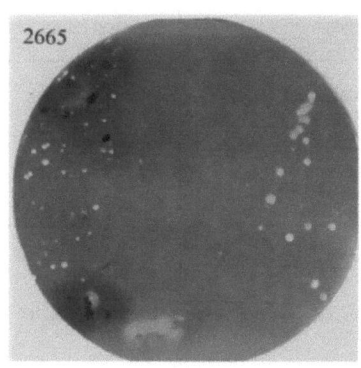 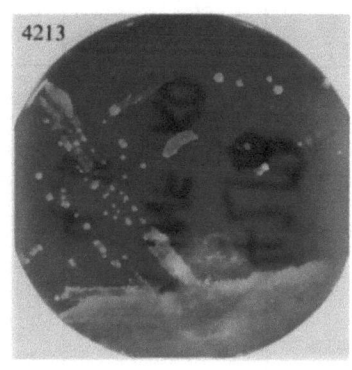

Abb. 18. Übersicht der bakteriologischen Kontrolle in Gruppe „1 Platte mit Kompression": Die Blutagarplatten einer bakteriologischen Verlaufskontrolle zeigen bei allen Tieren hämolytische Staphylokokken

scheinlich der vorzeitige Exitus des Schafes 23 gewesen sein. Die Wunde des Tieres war von der vierten Woche an nachgewiesenermaßen vor allem mit E. coli besiedelt, wozu nach wiederholten Injektionen Staphylococcus aureus kam. Das Tier starb in der siebten Woche mit einer eitrignekrotisierenden Encephalitis. Aufgrund der beobachteten akut-eitrigen Glomerulonephritis, Myocarditis und herdförmiger, eitriger Infiltrationen der Lymphknoten dürfte eine Coli-Sepsis, trotz fehlendem positivem Coli-Nachweis im strömenden Blut, zum Tode geführt haben. Die Veterinär-Pathologen äußerten den Verdacht auf eine Listeriose.

Gruppe „1 Platte ohne Kompression" (Tabelle 7):

Bakterien. Ein Schaf (785) zeigte bis zur Explantation einen Monoinfekt mit Staphylococcus aureus; alle übrigen Tiere wiesen auch E. coli, diphtheroide Stäbchen, C. pyogenes, Pilze oder Staphylococcus epidermidis auf (Abb. 19). Der Phagtyp war unverändert.

Nachimpfung. Bei der ersten bakteriologischen Untersuchung wies ein Tier (1008) nur vereinzelte, ein anderes (Schaf 21) keine Staphylokokken auf. Nach den zwei Nachimpfungen konnte, wie bei den übrigen Tieren, viel Staphylococcus aureus im Osteotomiebereich nachgewiesen werden.

Klinischer Lokalbefund. Vier Schafe (24, 4214, 785, 847) zeigten von der dritten bis vierten Woche an Abscesse mit Fisteln. Beide nachgeimpf-

Tabelle 7. Die Resultate der bakteriologischen Untersuchungen und des klinischen oder autoptischen Lokalbefundes in Gruppe „1 Platte ohne Kompression"

SCHAF NR	1.Bakt.-Kontrolle 4.Woche	2.Bakt.-Kontrolle 6.Woche	3.Bakt.-Kontrolle Exitus(9.W.)	Phagtyp a)bei 1.Bakt.-Ko. b)bei 3.Bakt.-Ko.	Klin.oder Autopsiebefund
21	kein Wachstum	Misch-kultur	Staph. aureus	a)--- b)nicht typisierbar	Rubor,Calor, Granulationsgewebe
1008	Staph.aureus wenig, Mischkultur	Staph. aureus	Staph.aureus, E.coli	a)nicht typisierbar b)6/42E/47/53/54/75	Calor,Rubor 5.-6.Woche, tiefer Abszess
24	Staph. aureus	Staph.aureus, Dipht. Stäbchen, Pilze	Staph.aureus, C.pyogenes E.coli	a)6/42E/47/53/54/75 b)6/42E/47/53/54/75	Fistel 3.-9.Woche
4214	Staph. aureus	Staph.aureus, Staph. epidermidis	Staph.aureus, E.coli	a)6/42E/47/53/54/75 b)6/42E/47/53/54/75	Fistel 4.-9.Woche
785	Staph. aureus	Staph. aureus	Staph. aureus	a)6/42E/47/53/54/75 b)6/42E/47/53/54/75/83A	Fluktuation 4.-8.Woche, Fistel 8.-9.Woche
847	Staph. aureus	Staph.aureus, Dipht. Stäbchen	Staph.aureus wenig, C.pyogenes, E.coli	a)6/47/53/54/75 b)nicht typisierbar	Fistel 3.-9.Woche

ten Schafe wiesen trotz der positiv gewordenen bakteriologischen Untersuchungen einen relativ geringen klinischen Lokalbefund auf; bei der Explantation fanden sich auf dem Implantat Granulationsgewebe und Eiter.

Allgemeinerkrankung aufgrund des Infektes. Als mögliche Komplikation des Lokalinfektes können in dieser Gruppe nur zwei Conjunctivitiden (Schaf 21, 847) erwähnt werden, wobei im einen Fall gleichzeitig eine Hyper-Tachypnoe ohne weitere Erkrankungszeichen bestand. In kurzer Zeit klangen die Symptome, trotz Verzicht auf jegliche Therapie, ab.

3.3. Interfragmentärer Druck

Die Meßplatten, die zur Registrierung des interfragmentären Druckes in Gruppe „*2 Platten mit Kompression und Druckmessung*" verwendet wurden, zeigten folgende meßtechnische Eigenschaften.

Meßtechnisches. Die Eichung der Meßplatten in vitro ergab einen linearen Zusammenhang zwischen gemessener Dehnung und Längskraft (siehe z.B. Seite 12, Abb. 10) und mit durchschnittlich $-2,35\,\mu/°C \pm 3,39$ SD einen geringen Temperatureinfluß auf die Nullage (Ta-

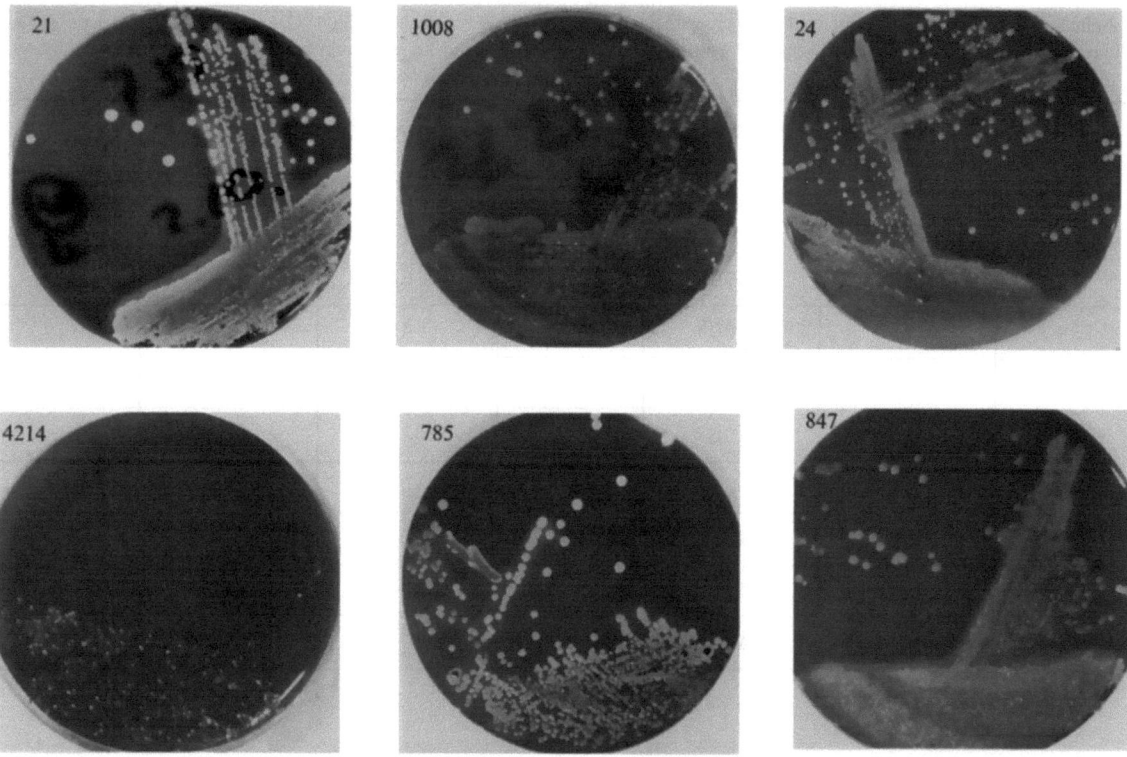

Abb. 19. Übersicht der bakteriologischen Kontrolle in Gruppe „1 Platte ohne Kompression": Die Blutagarplatten einer bakteriologischen Verlaufskontrolle zeigen, daß bei allen Tieren hämolytische Staphylokokken, meist in Mischkultur, nachgewiesen werden konnten

belle 8) und mit $+0,17\,\mu/kp/°C \pm 0,10$ SD einen minimalen Temperatureinfluß auf die Empfindlichkeit (Tabelle 9).

Die bei jeder Messung vorgenommene Kontrolle des Brückenverstärkers ergab über die ganze Versuchsperiode Nullpunkt-Abweichungen unter 10 µ, und die Empfindlichkeit zeigte keine meßbaren Abweichungen.

Das Anbiegen der Platte bewirkte keine wesentliche plastische Verformung der Meßkammer (Tabelle 10). Die elastische Verbiegung der Platten, deren Einfluß bei Implantation und Explantation gemessen und berücksichtigt wurde, ist in Tabelle 11 aufgezeichnet.

Die zu Beginn des Versuches (Ende Operation) ermittelte Summe der Druckwerte beider Platten ergab Werte von 98–220 kp. Die einzelnen Werte sind aus den Abb. 20–27 ersichtlich.

Sie sind in bezug auf Nullpunkt-Empfindlichkeit, Fremdkraft und Temperatureinfluß durch die unmittelbar vorausgegangene Eichung genau definiert. Die Druckwerte zu Ende des Versuches, die durch unmittelbar folgende Eichungen ebenfalls genau definiert sind, betrugen 0 bis 103 kp. Zur Beurteilung der Werte zwischen Implantation und Explantation sind die Veränderungen von Nullpunkt und Empfindlichkeit zwischen erster Eichung und letzter Eichung zu berücksichtigen; sie sind in den Tabellen 12 und 13 aufgezeichnet. Im Vergleich zu den biologischen Schwankungen infolge Muskelaktivität etc. sind diese methodischen Fehler gering.

Druckverlauf. Bei 15 der 16 Meßplatten ließen sich zuverlässige Messungen zu Beginn und Ende des Versuches durchführen. Bei der einen Platte mußten infolge Drahtbruchs die Drähte soweit

Tabelle 8. Temperatureinfluß auf Nullpunktlage: Die Nullage differiert zwischen 22±1°C und 37±1°C nur wenig. Der Unterschied ist unter Berücksichtigung der Empfindlichkeit jeder Platte in kp umgerechnet

SCHAF	NULLPUNKT 6 LOCH-PLATTE			NULLPUNKT 4 LOCH-PLATTE		
	22±1 °C	37±1 °C	DIFF.	22±1 °C	37±1 °C	DIFF.
	μ	μ	kp	μ	μ	kp
739	14031	13998	+5	16607	16626	-2
1297	14052	14007	+7	16409	16430	-3
878	12799	12802	-0	16379	16387	-1
741	16105	16087	+3	16251	16264	-1
15	15312	15298	+2	14087	14061	+4
821	14372	14352	+3	16348	16373	-3
16	14704	14761	-9	15682	15690	-1
2287	14608	14635	-4	15757	15764	-1

Tabelle 9. Temperatureinfluß auf Empfindlichkeit der Meßplatten: Die Empfindlichkeit (μ/kp) drückt die gegenseitige Beziehung zwischen Dehnungsänderung (μ) und Axialkraft (kp) aus. Es finden sich nur geringe Empfindlichkeitsdifferenzen bei 22±1° C und 37±1° C. Die prozentuale Differenz errechneten wir als Abweichung des Wertes bei 22° C von demjenigen bei 37° C

SCHAF	6 LOCH-PLATTE			4 LOCH-PLATTE		
	22±1 °C	37±1 °C	Diff.	22±1 °C	37±1 °C	Diff.
	μ/kp	μ/kp	%	μ/kp	μ/kp	%
739	6,7	6,8	-2	9,5	9,7	-2
1297	6,8	6,8	0	7,2	7,4	-3
878	6,3	6,3	0	7,3	7,5	-3
741	6,9	7,0	-1	9,5	9,7	-2
15	6,8	7,0	-3	6,6	6,8	-3
821	6,6	6,8	-3	7,5	7,5	0
16	6,6	6,7	-1	8,3	8,8	-6
2287	6,8	6,9	-1	8,6	8,7	-1

Tabelle 10. Plastische Verformung durch das Anbiegen der Meßplatte an die Knochenoberfläche: Das Anmodellieren des Implantates an die Knochenoberfläche führte zu keiner wesentlichen plastischen Verformung der Meßkammer. Der in vitro bei 37±1° C bestimmte Nullpunkt zeigt gute Übereinstimmung mit dem entsprechenden peroperativen Wert. Die Differenz ist in kp angegeben, um den resultierenden Effekt klarer zu veranschaulichen

SCHAF	NULLPUNKT 6 LOCH-PLATTE			NULLPUNKT 4 LOCH-PLATTE		
	IN VITRO	INTRAOP.	DIFF.	IN VITRO	INTRAOP.	DIFF.
	μ	μ	kp	μ	μ	kp
739	13998	13995	0	16626	16630	0
1297	14007	13975	5	16430	16405	3
878	12802	12788	2	16387	16387	0
741	16087	16075	2	16264	16275	1
15	15298	15265	5	14061	14060	0
821	14352	14405	8	16373	16370	0
16	14761	14739	3	15690	15669	2
2287	14635	14617	3	15764	15760	0

Tabelle 11. Elastische Verbiegung der Platten bei Implantation und Explantation: Das Eindrehen je einer der mittleren Schrauben führte zu einer temporären Nullpunktverschiebung (elastische Biegung). Sie wird in μ gemessen und ist Ausdruck von Fremdkräften, die sich, bei Berücksichtigung der Empfindlichkeit jeder Platte, in kp angeben lassen. Dieser Biegeeinfluß ist bei der Auswertung der Druckmessung berücksichtigt und damit als Fehler ausgeschlossen

SCHAF	ELAST.BIEGUNG 6 LOCH-PLATTE				ELAST.BIEGUNG 4 LOCH-PLATTE			
	IMPLANT.		EXPLANT.		IMPLANT.		EXPLANT.	
	μ	kp	μ	kp	μ	kp	μ	kp
739	-50	7	0	0	0	0	0	0
1297	-15	2	-33	5	0	0	0	0
878	-72	11	-45	7	0	0	+59	8
741	-58	8	-53	6	-63	7	-22	2
15	-25	4	-18	2	-20	3	-5	1
821	-80	12	-76	10	-8	1	-25	3
16	-100	15	-48	7	-5	1	-12	2
2287	-56	8	-30	4	-25	3	+15	2

Tabelle 12. Nullpunktveränderung im Verlaufe des Experimentes: Die Bestimmung des Nullpunktes bei der Explantation zeigt, nach Berücksichtigung der Widerstandsänderung infolge Kürzen der Zuleitungsdrähte, gute Übereinstimmung mit dem Wert bei Implantation. Die Differenz ist in kp angegeben, unter Berücksichtigung der Empfindlichkeit der einzelnen Platten

SCHAF	NULLPUNKT 6 LOCH-PLATTE			NULLPUNKT 4 LOCH-PLATTE		
	IMPLANT.	EXPLANT.	DIFF.	IMPLANT.	EXPLANT.	DIFF.
	µ	µ	kp	µ	µ	kp
739	13995	13936	−10	16630	16585	+5
1297	13975	13967	−1	16405	16359	+7
878	12788	12781	−1	16387	16357	+4
741	16075	16042	+5	16275	16245	+3
15	15265	15241	+4	14060	14041	−3
821	14405	14367	−6	16370	16317	+7
16	14739	14711	−5	15669	15650	+2
2287	14617	14587	−5	15760	15717	+5

Abb. 20–27. In vivo-Veränderungen des interfragmentären Druckes bei den Schafen der Gruppe „2 Platten mit Kompression ▷ und Druckmessung": Die Druckwerte jeder Platte und die Summe beider Platten werden wiedergegeben. Die Werte zu Beginn und Ende des Versuches sind durch unmittelbar vorausgehende oder nachfolgende Eichungen genau definiert. Die dazwischenliegenden Werte unterliegen den geringen Veränderungen von Nullpunkt und Empfindlichkeit zwischen Implantation und Explantation. Durch die Punkte der einzelnen Bestimmungen wurde eine Verbindungskurve gezogen. ▲ Meßpunkte der 4-Loch-Platte. ✖ Meßpunkte der 6-Loch-Platte. ● Summe der Meßwerte beider Platten. --- Gestrichelte Linie charakterisiert eine plötzliche Richtungsänderung zwischen zwei Meßpunkten, die zeitlich nicht genauer festzulegen ist. Eine Unterbrechung im Kurvenverlauf bedeutet, daß die Messung vorübergehend ausfiel (Drahtbruch)

Tabelle 13. Empfindlichkeitsänderung zwischen Implantation und Explantation: Die Kraft-Dehnungs-Diagramme zeigen bei Implantation und Explantation gute Übereinstimmung der Empfindlichkeit (μ/kp). Die prozentuale Differenz errechneten wir als Abweichung des Wertes bei der Explantation von demjenigen beim Implantieren

SCHAF	6 LOCH-PLATTE			4 LOCH-PLATTE		
	IMPLANT.	EXPLANT.	DIFF.	IMPLANT.	EXPLANT.	DIFF.
	μ/kp	μ/kp	%	μ/kp	μ/kp	%
739	6,7	6,2	-7	9,5	--*)	--
1297	6,8	6,0	-12	7,2	6,6	-8
878	6,3	6,1	-3	7,3	7,6	+4
741	6,9	6,9	0	9,5	9,0	-5
15	6,8	6,1	-10	6,6	6,5	-2
821	6,6	6,4	-3	7,5	7,9	+4
16	6,6	5,7	-14	8,3	7,9	-5
2287	6,8	6,0	-12	8,6	8,1	-6

* Beim Schaf 739 war eine Nacheichung der 4-Loch-Platte am Versuchsende wegen Drahtbruches in unmittelbarer Kammernähe nicht mehr möglich

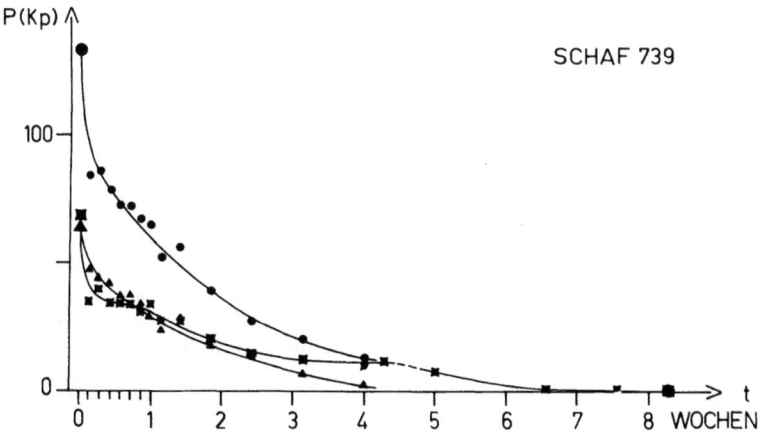

Abb. 20. In vivo-Veränderungen des interfragmentären Druckes beim Schaf 739: Nach einem steileren initialen Abfall beider Platten in den ersten 3 Tagen fällt die Kraft der 4-Loch-Platte langsamer weiter ab und erreicht in der 4. Woche Werte um Null. Die Kraft der 6-Loch-Platte beginnt in der 4. Woche erneut rascher abzufallen und erreicht die Nullinie in der 6. Woche

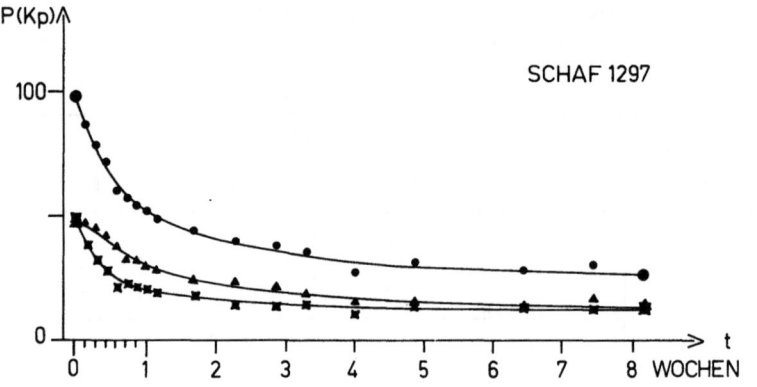

Abb. 21. In vivo-Veränderungen des interfragmentären Druckes beim Schaf 1297: Nach dem initialen Druckabfall findet nur eine geringe weitere Abnahme des Druckes statt

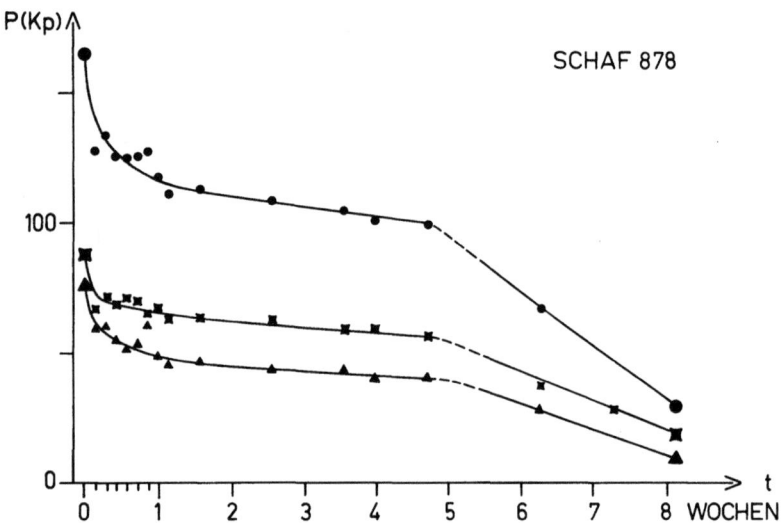

Abb. 22. In vivo-Veränderungen des interfragmentären Druckes beim Schaf 878: Nach der 4. Woche kommt es zu einem erneuten steilen Druckabfall. Nach 8 Wochen bleibt noch eine Restkompression von total 29 kp zurück

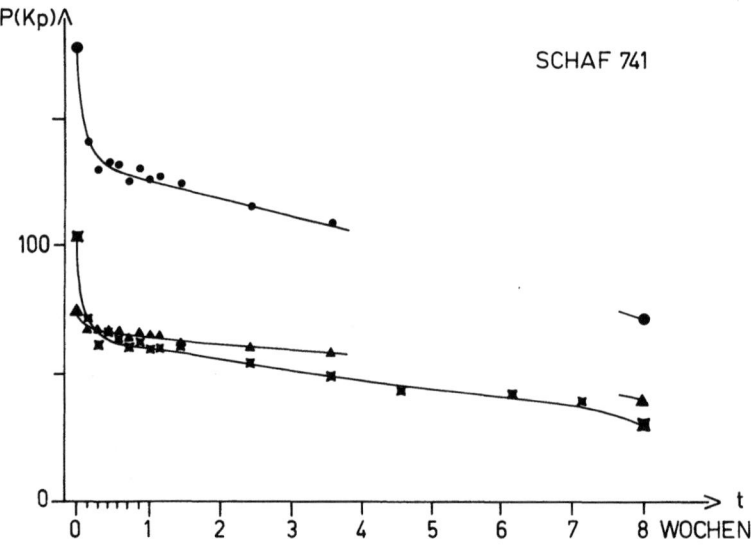

Abb. 23. In vivo-Veränderungen des interfragmentären Druckes beim Schaf 741: An den initialen Druckabfall beider Platten in den ersten 5 Tagen schließt sich eine Phase flachen weiteren Druckabbaus an, die bis zum Versuchsende anhält. In der 4. Woche fällt die 4-Loch-Platte wegen Drahtbruches aus. Die Schlußmessung deutet auf eine langsame Druckverminderung beider Platten hin

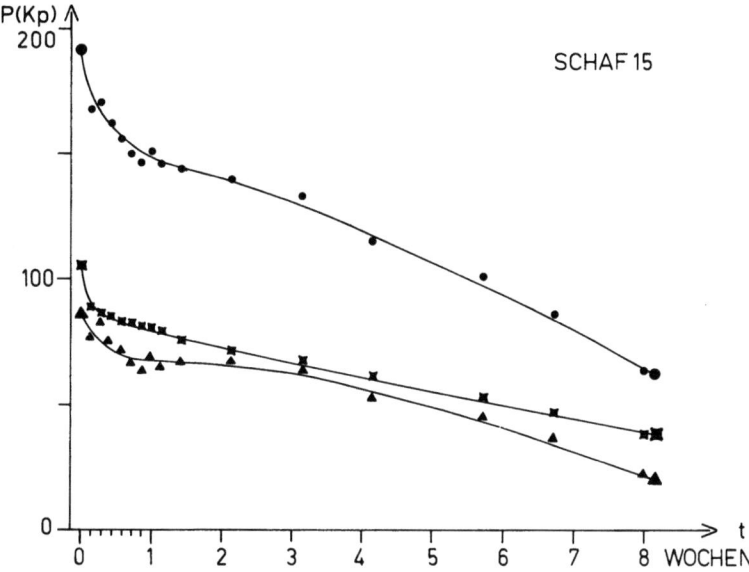

Abb. 24. In vivo-Veränderungen des interfragmentären Druckes beim Schaf 15: Langsame Druckreduktion mit nur diskret angedeutetem steilerem Abfall in der 4-Loch-Platte nach der 4. Woche

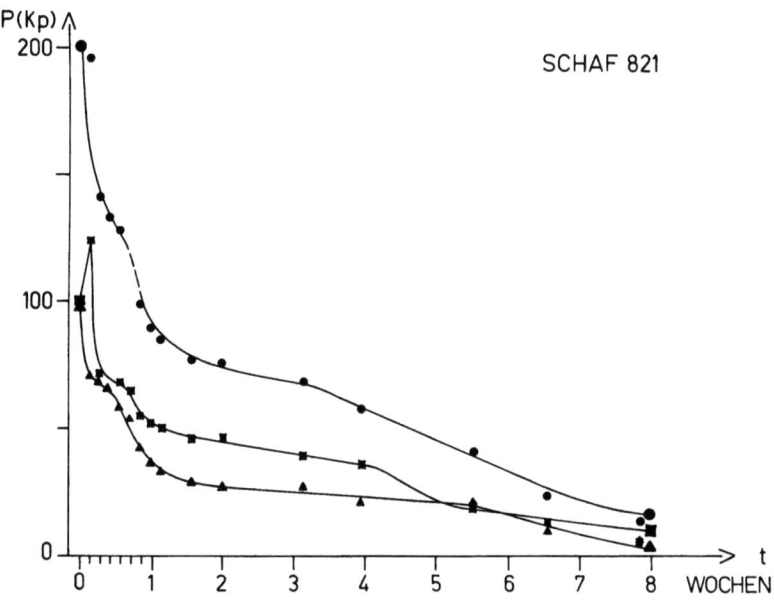

Abb. 25. In vivo-Veränderungen des interfragmentären Druckes beim Schaf 821: Während der ersten 2 Tage kommt es zu einem diskordanten Verhalten zwischen den Druckkräften in beiden Platten (Kraftumlagerung?). Am 5. Tag tritt erneut eine schnellere Kraftverminderung in beiden Platten auf. Diese könnte Ausdruck einer lokalisierten Überlast sein. Nach der 4. Woche beginnt ein letzter steiler Druckabfall, so daß die Restkompression am Versuchsende nur noch 16 kp beträgt

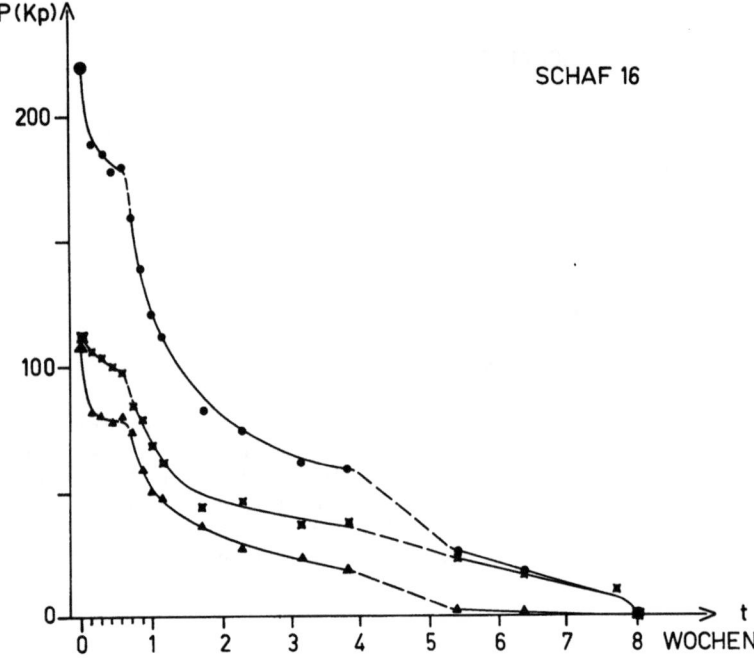

Abb. 26. In vivo-Veränderungen des interfragmentären Druckes beim Schaf 16: Zweiphasiger initialer Druckabfall mit Abflachung des Druckverlaufes zwischen der 2. und 4. Woche. Hierauf erneut steilerer Abfall. In der 4-Loch-Platte fällt die Kraft schon gegen Ende der 5. Woche auf Werte um Null, während die 6-Loch-Platte erst nach 8 Wochen ohne Kompression ist

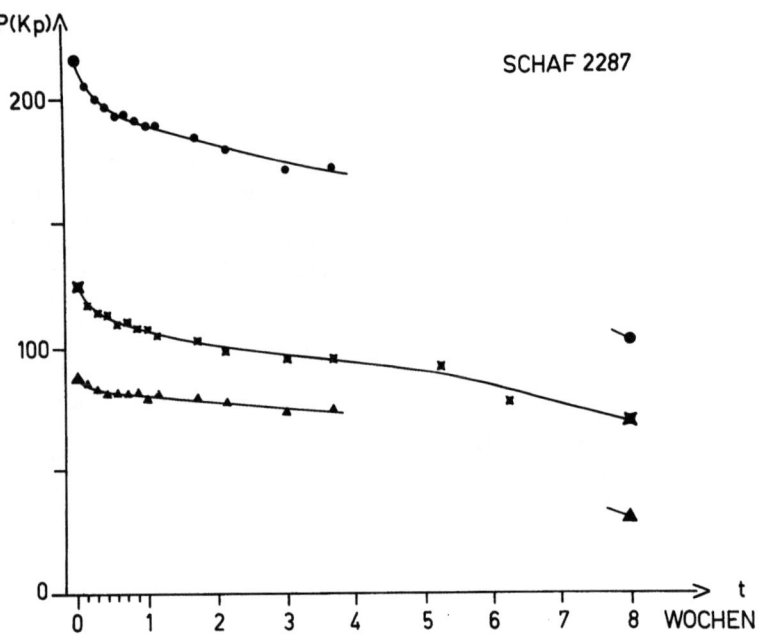

Abb. 27. In vivo-Veränderungen des interfragmentären Druckes beim Schaf 2287: Nach initialem Druckabfall und Plateaubildung weist die Schlußmessung auch für die 4-Loch-Platte einen erneuten steileren Druckabfall auf

gekürzt werden, daß wohl eine Endmessung, aber keine nachfolgende Bestimmung der Empfindlichkeit dieser Platte mehr möglich war. Bei elf der erwähnten Platten waren Messungen während des ganzen Verlaufes möglich, während infolge Drahtbruchs eine Platte in der vierten Woche, je zwei in der fünften und achten Woche temporär ausfielen.

Die Veränderungen des interfragmentären Druckes in vivo sind in den Abb. 20–27 für jede Platte und die Summe beider Platten wiedergegeben. Die initial erreichten Druckwerte als Summe beider Platten betrugen 133, 98, 166, 179, 192, 200, 220, 216 kp. In allen Fällen trat in den ersten Tagen ein etwas steilerer Druckabfall ein, später ein langsamerer; bei sechs Schafen fand schließlich ein steiler Druckabfall gegen Versuchsende statt. Bei den Schafen 741 und 1 297 fehlte diese letzte Phase des Druckabfalles. Bei sechs von acht Schafen stand die Osteotomie zu Versuchsende noch unter signifikanter Kompression, bei einem Schaf (16) war sie gering und beruhte nur auf der Kraft in der einen Platte, während bei einem weiteren Schaf (739) beide Platten keine Kompressionswirkung mehr hatten. Die Druckänderung in den beiden Platten je eines Schafes war bei unterschiedlichem Ausgangswert nahezu identisch. Einzig bei einem Schaf (821) fiel zu Beginn des Versuches die Kraft in einer Platte um einen ähnlichen Betrag ab, wie die der anderen Platte anstieg.

3.4. Schraubendrehmoment

Das Drehmoment, welches beim Anziehen der Schrauben entsteht, haben wir bei 17 der 19 Osteosynthesen bestimmt. In den Gruppen „2 Platten mit Kompression und Druckmessung" und „1 Platte mit Kompression" betrugen die Drehmomente zur Zeit der Implantation für jede Schraube > 15 cm·kp, meist > 20 cm·kp. In der Gruppe „1 Platte ohne Kompression" lagen die Eindrehmomente zwischen 10 und 20 cm·kp [8]. Bei der Beurteilung der gemesse-

---

[8] Die standardisierte Diastase von 100 μm zwischen den Fragmentenden ließ sich einstellen durch wechselweises Anziehen der Schrauben und oft etwas tiefere Drehmomentwerte (biologische Wirkungen unterschiedlicher Drehmomente sind nicht zu erwarten [73], Schraubenlockerungen waren nicht häufiger, s. Tabelle 14).

Tabelle 14. Klassenweise Zusammenstellung des größten Lösemomentes der Schrauben je einer Plattenhälfte; beobachtete und theoretische Häufigkeitsverteilung: Das Drehmoment, welches zum ersten Aufdrehen der noch bestsitzenden Schrauben jeder Plattenhälfte notwendig war, wurde für alle Platten bestimmt und die Gruppenunterschiede mit dem χ^2-Test* geprüft. Die errechneten Werte sind in Klammern angegeben.

GRUPPE	MAX. LÖSEMOMENT (cm·kp) JEDER PLATTENHÄLFTE					TOTAL
	0,0	2,5	5,0	7,5	>7,5	
"2 PLATTEN MIT KOMPRESSION & DRUCKMESSUNG"	- (0,59)	2 (1,19)	2 (1,78)	3 (5,33)	25 (23,11)	32
"1 PLATTE MIT KOMPRESSION"	- (0,19)	- (0,37)	- (0,56)	2 (1,67)	8 (7,22)	10
"1 PLATTE OHNE KOMPRESSION"	1 (0,22)	- (0,44)	1 (0,67)	4 (2,00)	6 (8,67)	12
TOTAL	1	2	3	9	39	54

* $\chi^2 = 9,8013$ bei $f = 8$. Signifikanzschranke für $p = 0,05: \chi^2 = 15,507$. Es resultiert, daß in unseren Gruppen *kein Unterschied von statistischer Signifikanz* besteht. Dies gilt auch bei paarweiser Prüfung der Werte jeder einzelnen Klasse

nen Löse- und Ausdrehmomente galten als Kriterien der Lockerung einzelner Schrauben:

Lösemoment $\leq 2{,}5$ cm · kp,
Ausdrehmoment = Null.

Die ganze Platte galt als gelockert, wenn alle Schrauben einer Plattenhälfte diese Kriterien erfüllten.

Nach diesen Kriterien beurteilt, fanden wir in den einzelnen Gruppen folgende Resultate (s. auch Tabelle 14):

Gruppe *„2 Platten mit Kompression und Druckmessung"*:
Bei den Schafen 739 und 16 waren die 4-Loch-Platten gelockert. Alle übrigen Schafe besaßen zwei gut verankerte Implantate.

Gruppe *„1 Platte mit Kompression"*:
Alle Platten dieser Tiere saßen fest.

Gruppe *„1 Platte ohne Kompression"*:
Beim Schaf 785 war die Platte gelockert.

3.5. Gehbelastung

Gruppe *„2 Platten mit Kompression und Druckmessung"*: die Bodenkraft beim Auftreten mit dem operierten Bein auf die Meßplattform betrug bei allen acht Schafen am Versuchsende 15–30 kp. Die Beine aller Tiere wurden voll belastet. Mit den implantierten Meßplatten wurde beim Auftreten folgende Kraftübertragung gemessen:

Schafe 1297, 878, 15, 821:
Sichere Kraftübertragung auf beide Implantate. Beim Tier 1297 war der Anteil der Kraft, die durch das Implantat ging, klein; die größere Kraftkomponente verlief durch den Knochen selbst (Abb. 28). Beim Tier 15 übertrug sich die Bodendruckkraft größtenteils auf das Implantat (Abb. 29). Alle diese Meßplatten standen noch unter Kompression.

Schaf 16: Ein Implantat zeigte hohe Kraftübertragung. Diese Platte hatte nur noch geringe axiale Kompression. Beim anderen Implantat, welches nicht mehr unter axialer Kompres-

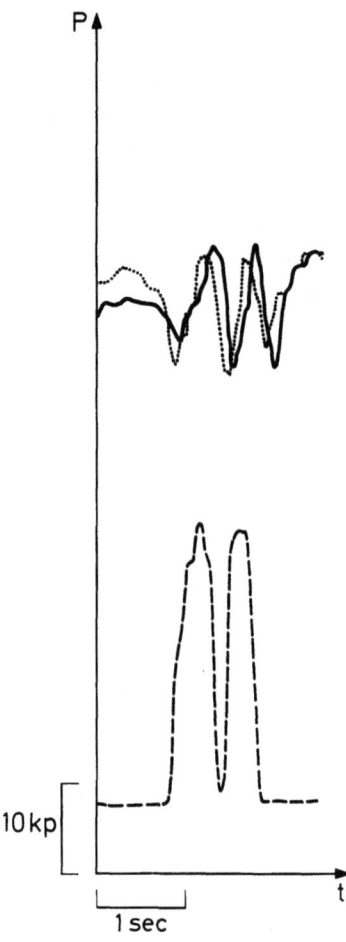

Abb. 28. „Gehtest" bei Schaf 1297: Nur eine geringe Komponente der Bodenkraft (---) wird auf die 6-Loch- (———) und 4-Loch-Platte (........) übertragen

sion stand, war die Kraftübertragung unsicher (Abb. 30).

Schafe 741, 2287:
Gute Kraftübertragung auf je eine Platte, Drahtbruch an der anderen Platte. Auf alle Implantate wirkte eine gute Restkraft.

Schaf 739: Keine Kraftübertragung auf die eine Platte; wegen Drahtbruchs keine Messung mit der anderen. Beide Implantate standen nicht mehr unter Kompression (Abb. 31).

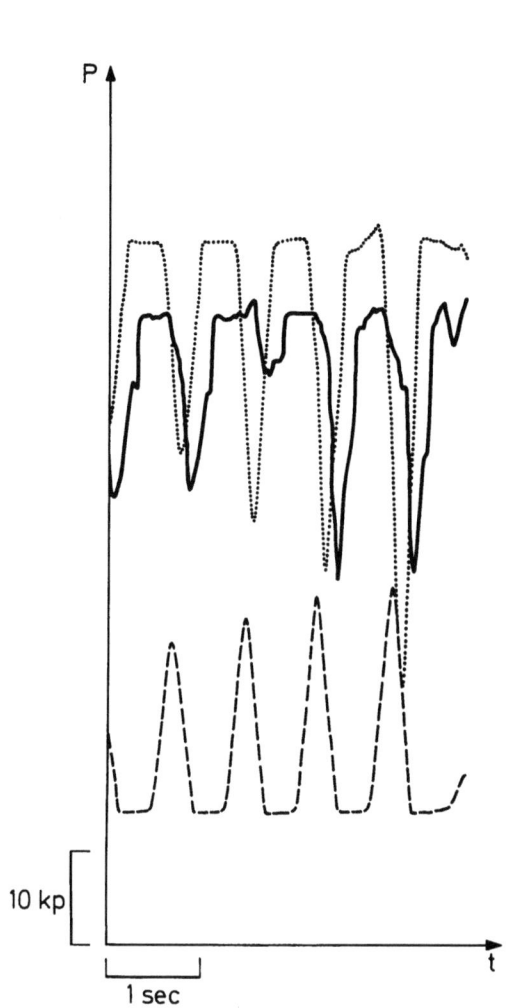

Abb. 29. „Gehtest" bei Schaf 15: Der Anteil der 6-Loch- (———) und 4-Loch-Platte (·······) an der Kraftübertragung ist groß

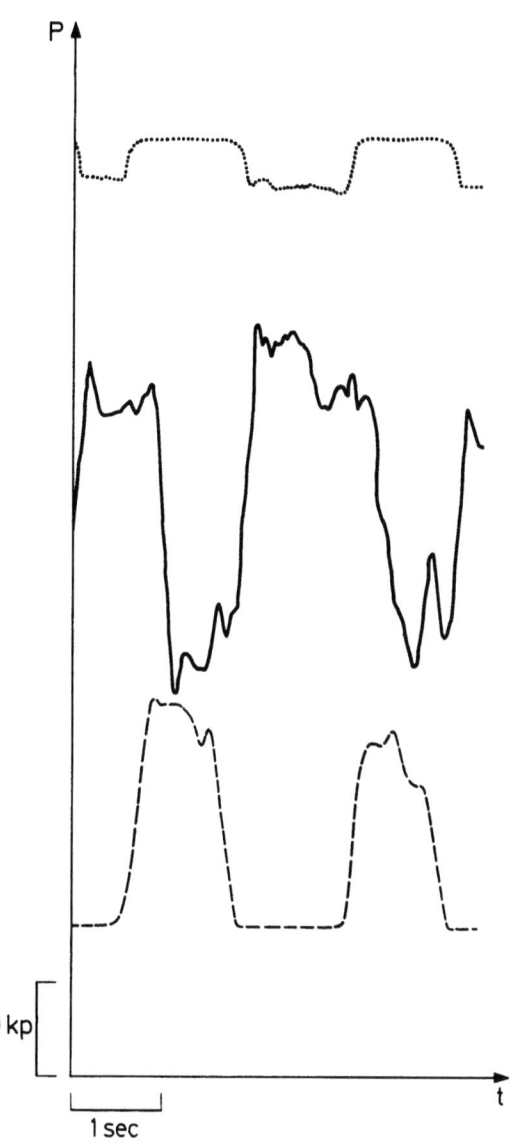

Abb. 30. „Gehtest" bei Schaf 16: Die Unterschiede in der Kraftübertragung auf die 6-Loch-Platte (———) und die 4-Loch-Platte (·····) sind klar zu erkennen. Die Linie (– – –) gibt den Verlauf der Bodenkraft an.

Abb. 28–32. Bodenkraft beim Auftreten mit dem operierten Bein und Kraftübertragung auf die implantierten Meßplatten: Die Abscisse entspricht der Zeitachse. Auf der Ordinate werden die Kraftänderungen angegeben, wobei Druck auf die Bodenplatte und Zug in der implantierten Meßplatte als Abweichung nach oben erscheinen. Kurve der Bodenkraft – – –, Kurve der 6-Loch-Platte ——— und jene der 4-Loch-Platte ····(s. auch S. 13, Abb. 11). Abb. 28 gibt das Kräftespiel beim Gehen über die Meßplatte wieder, während in den Abb. 29–31 die Kurven bei induzierter Gewichtsverlagerung abgebildet sind, da sie den gegenseitigen Ablauf der einzelnen Kräfte bei der schnell wechselnden induzierten Gewichtsverlagerung deutlicher zeigen (s. auch S. 13).

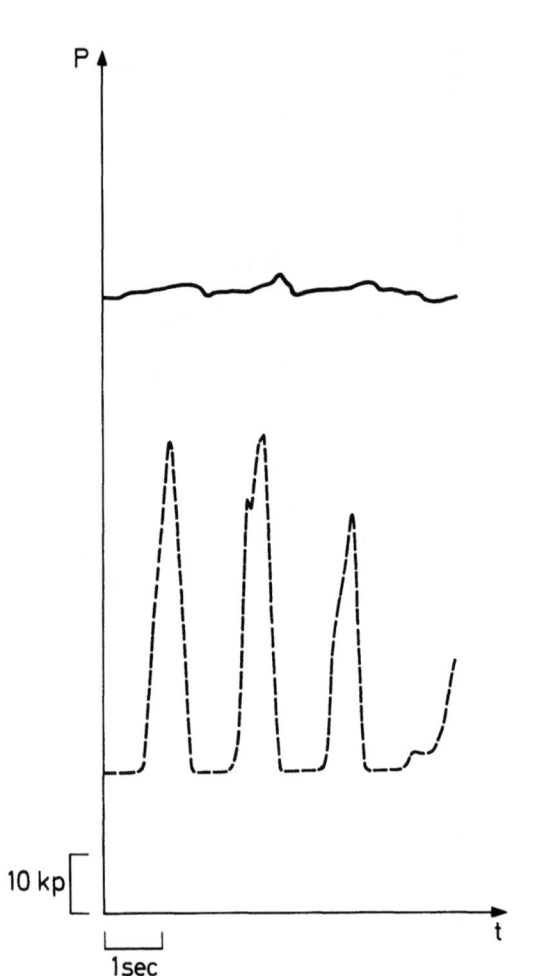

Abb. 31. „Gehtest" bei Schaf 739: Die 6-Loch-Platte (——) zeigt keine Kraftübertragung mehr, die 4-Loch-Platte (······) fiel wegen Drahtbruchs aus

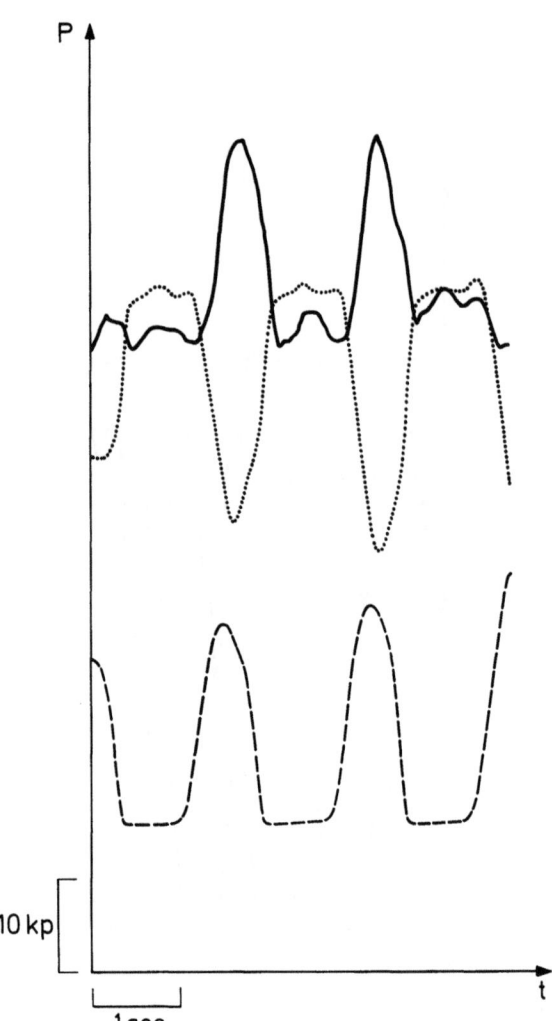

Abb. 32. Gleichzeitige Druck- und Zugbelastung auf die implantierten Meßplatten des Schafes 15: Gelegentlich entstanden beim Schaf 15 während des Auftretens Druckkräfte auf die medial gelegene 6-Loch-Platte (——) bei gleichzeitiger Zugwirkung auf die posteriore 4-Loch-Platte (······)

Tabelle 15 gibt eine Übersicht über Bodenbelastung, Kraftübertragung auf die Implantate und klinische Beurteilung der Gangart.

Beim Auftreten wurden die posteriore und mediale Platte meist gleichzeitig auf Zug beansprucht; nur beim Schaf 15 wirkte auf die mediale Meßplatte häufig Druck, auf die posteriore, bei quantitativ übereinstimmenden Werten, gleichzeitig Zug (Abb. 32).

Gruppe *„1 Platte mit Kompression"* und *„1 Platte ohne Kompression"*: Abb. 33 und 34 führen die Zeitspannen an, zu welchen die beim Auftritt auf die Meßplattform registrierten Spitzenwerte des operierten und gesunden Hinterbeines um weniger als 20% differierten. Eine Differenz von $\leq 20\%$ bezeichnen wir als seitengleiche Belastung, weil diese Schwankungsbreite auch bei Wiederholung gleicher Messungen auftrat. Die Tiere der Gruppe „1 Platte mit Kompression" begannen im allgemeinen früher zu belasten. Unterbrüche in der Vollbelastung wurden in beiden Gruppen beobachtet. Nur bei zwei Schafen ließ sich die ungleiche Belastung klinisch als Hinken erfassen.

Tabelle 15. Übersicht über Bodenbelastung, Kraftübertragung auf die Implantate und klinische Beurteilung der Gangart: Die Drahtbrüche bezeichneten wir mit DB. Die Kraftübertragung stuften wir folgendermaßen ein: ++ =sichere Übertragung, > 20 kp; + =sichere Übertragung, 7–20 kp; (+)=unsichere Übertragung, <7 kp; — keine Übertragung

SCHAF	BODENBE-LASTUNG kp	KRAFTUEBERTRAGUNG 6 Loch-Platte	KRAFTUEBERTRAGUNG 4 Loch-Platte	KLIN.BEURTEILUNG DER GANGART
739	20–30	--	DB	1.+2. Woche Vollbelastung, ab 3. Woche häufiger Wechsel zwischen Belastung und Entlastung
1297	20–30	+	+	1.Woche Hinken, ab 2.Woche Vollbelastung
878	25	++	+	Ab 1.Woche Vollbelastung
741	20–30	+	DB	1.+2.Woche Hinken, ab 3.Woche Vollbelastung
15	15–25	+	++	1.+2.Woche Hinken, ab 3.Woche Vollbelastung
821	20–25	++	+	Ab 1. Woche Vollbelastung
16	30	++	(+)	1.Woche Hinken, ab 2.Woche Vollbelastung
2287	25	++	DB	1.–3.Woche häufiger Wechsel zwischen Belastung und Entlastung. Ab 4.Woche Vollbelastung

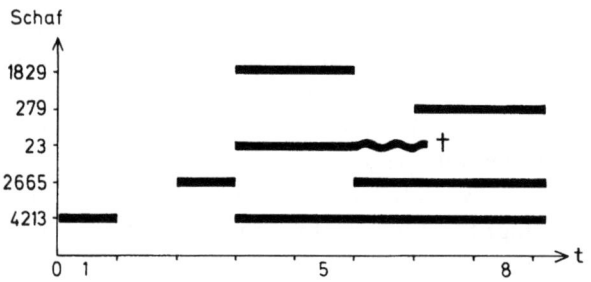

Abb. 33. Zeitlicher Ablauf der Gehbelastung der operierten Extremität (Gruppe „1 Platte mit Kompression"): Die mit der Meßplattform ermittelte Vollbelastung beginnt etwas früher als in der Gruppe „1 Platte ohne Kompression" (Abb. 34). 2 Schafe zeigen einen Unterbruch in der Vollbelastung, nachdem sie vorübergehend seitengleich belasteten. Das Schaf 23 litt ab 6. Woche unter Gleichgewichtsstörungen und kam in der 7. Woche ad exitum

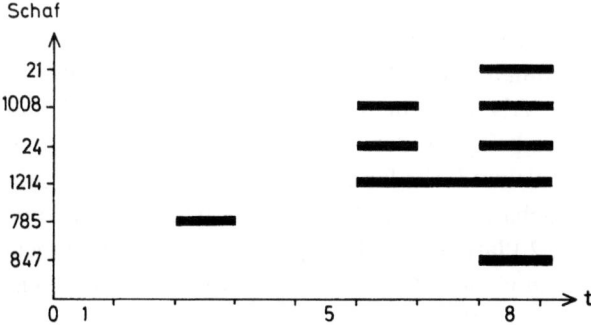

Abb. 34. Zeitlicher Ablauf der Gehbelastung der operierten Extremität (Gruppe „1 Platte ohne Kompression"): Die Vollbelastung wird meist in der 6. Woche aufgenommen. Drei Schafe zeigen einen Unterbruch in der Vollbelastung, nachdem sie vorübergehend seitengleich belasteten. Bei Versuchsende belastet ein Schaf nicht mehr

3.6 Radiologische Kontrollen

(Tabelle 16)

Die Beurteilung des Röntgenverlaufs durch sechs Untersucher zeigte gute Übereinstimmung. Es bestanden einzig kleine Zeitdifferenzen in den Angaben über das erste Auftreten eines Symptomes, indem ein Befund gelegentlich von einem Untersucher erst auf dem nächstfolgenden Röntgenbild (nach 14 Tagen) erhoben wurde. Die radiologische Beurteilung des Verlaufes stützte sich grundsätzlich auf die Übersichtsaufnahmen. Die Anwendung einer speziellen Technik (Faxitron, s. S. 16) erbrachte am explantierten Knochen besonders klare, kontrastreiche Bilder, welche in den Abb. 37–39 zusammen mit den Mikroradiographien wiedergegeben werden. Auf die histologischen Aspekte der mikroradiographischen Untersuchungen, sowie die Mikroangiographien, gehen wir im Kapitel „Histologische Untersuchungen" (s.S. 49ff) ein.

Vorerst werden die einzelnen Elemente der radiologischen Befunde besprochen und anschließend die Resultate gruppenweise zusammengefaßt.

Callus. Er zeigte meistens unscharfe Grenzen und unruhige Struktur und erstreckte sich spindelförmig über die Stelle der Osteotomie hinaus. Auf der lateralen und meistens auch vorderen Seite der Tibia war er in allen Tiergruppen am stärksten ausgebildet. Er erschien als erstes Zeichen einer Knochenreaktion auf den Röntgenbildern der *dritten und fünften* Woche, und nur selten später. In den vereinzelten Fällen, in denen bei radiologischem Durchbau der Osteotomie eine deutliche Callusmanschette bestand, nahm die Ausdehnung des Callus gegen Versuchsende ab.

Osteolyse. Die corticalen Substanzdefekte fanden sich in der Mehrzahl der Fälle gleichzeitig in der Osteotomiezone, um die Schrauben und unter der Platte. Sie waren meist in der *fünften* Woche — nur in Einzelfällen früher — erkennbar. Gelegentlich konnte die Diagnose erst in der siebten Woche gestellt werden.

Sequester. Aus der Umgebung herausgelöste corticale Knochenstücke lagen meist in ausgedehnten Resorptionshöhlen. Ausgeprägte Befunde fanden sich in allen Gruppen, am häufigsten aber in der Gruppe „1 Platte ohne Kompression". Das Symptom trat meist erstmals auf den Bildern der *fünften und siebten* Woche auf, nicht selten erst in der neunten Woche.

Sklerosierung. Diese scheinbare Verdichtung der Knochenstruktur an Fragmentenden trat meist in der *fünften* Woche erstmals in Erscheinung. In 3 der 16 Fälle mit Sklerosierung wurde die Diagnose erst in der siebten und einmal erst in der neunten Woche gestellt.

Frakturspalt. Er blieb in der Mehrzahl der Schafe bis zum Versuchsende als breite, scharfe Linie erkennbar.

Ein radiologisch vollständiger Durchbau, in der Klinik als „abgeschlossene *Heilung*" bezeichnet, fand sich innerhalb der 8 Wochen nur in einem Ausnahmefall (Schaf 4213 der Gruppe „1 Platte mit Kompression"). Bei der Beurteilung des „Heilungs"-Resultates nach 8 Wochen beschränken wir uns deshalb darauf, den *Typus* der knöchernen Fragmentverbindung zu beschreiben. Danach unterscheiden wir radiologisch eine knöcherne Verbindung vom Muster:

— Typus Primärheilung: Kein periostaler Unruhecallus und nur minimaler Fixationscallus, kein Abrunden der Fragmentenden oder Osteotomiespalten.

— Typus Sekundärheilung: Viel Callus, unruhige Struktur, Verbreiterung des Osteotomiespaltes.

— Fehlender Durchbau: Keine Zeichen knöcherner Verbindung der Fragmente.

Tabelle 16 faßt das Resultat der Beurteilung anhand der Übersichtsaufnahmen zusammen.

Als typische Gegensätze eines Durchbaues vom Typus der radiologischen „Primär-" und „Sekundärheilung" werden die Verläufe der Schafe 739 und 2287, welche beide der Gruppe „2 Platten mit Kompression und Druckmessung" angehören, in den Abb. 35+36 gegenübergestellt.

Tabelle 16. Übersicht über die Röntgenbefunde: Die Auswertung der unabhängigen Beurteilungen durch 3 Kliniker und 3 Radiologen sind wiedergegeben. 5 Kriterien, welche meist zur Diagnose der Osteitis verhelfen, werden herausgegriffen. Ausgedehnte Befunde sind mit +++, fehlende mit − bezeichnet. Diese Symbole beziehen sich beim Frakturspalt auf dessen Breite

GRUPPE	SCHAF	FRAKTURSPALT	OSTEOLYSE	SEQUESTER	APPOS.CALLUS	SKLEROSIERUNG
"2 Platten mit Kompression & Druckmessung"	739	+++	+++	+	+++	++
	1297	+	−	−	+	−
	878	++	+++	+++	++	++
	741	+	−	−	+	−
	15	++	++	−	+	+
	821	++	++	++	+	+
	16	++	++	+	++	+
	2287	+	++	−	−	−
"1 Platte mit Kompression"	1829	++	++	+++	++	+
	279	++	++	+	+	+
	23	+	+	−	+	+
	2665	+	++	−	++	+
	4213	−	++	+	+	+
"1 Platte ohne Kompression"	21	+	+	+	++	+
	1008	+	−	−	+	+
	24	+	++	+	+++	+
	4214	++	+++	++	++	++
	785	++	+++	++	+++	+
	847	+	+	+	++	+

In den Abb. 37–39 haben wir für alle Tiere die radiologischen Kontrollaufnahmen der Osteotomiezone des explantierten Gesamtknochens (Faxitron) und des unentkalkten histologischen Schnittes (Mikroradiographie) gemeinsam wiedergegeben. Die Faxitron-Aufnahmen des von Weichteilen und Implantat befreiten Knochens zeigen den Frakturspalt in einer für den Kliniker ungewohnten Schärfe, lassen aber die Unterschiede im „Heilungsresultat" besonders deutlich in Erscheinung treten. Die mikroradiographischen Aufnahmen ermöglichen die Beurteilung des Zusammenhanges zwischen Röntgenbefund und Histologie. Hierbei ergeben sich für die einzelnen Gruppen folgende Resultate:

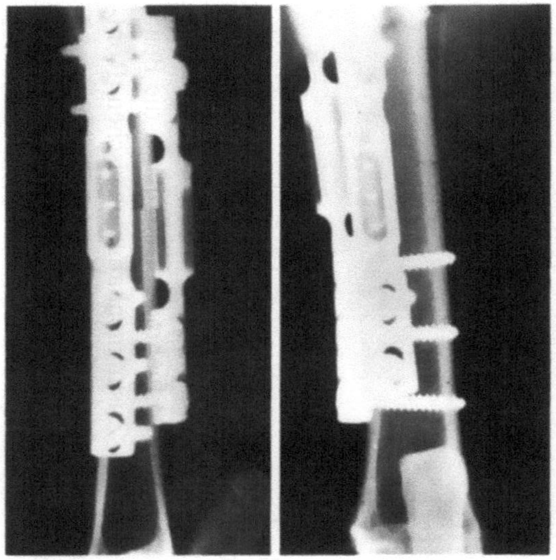

◀ 5. Woche

◀ 3. Woche

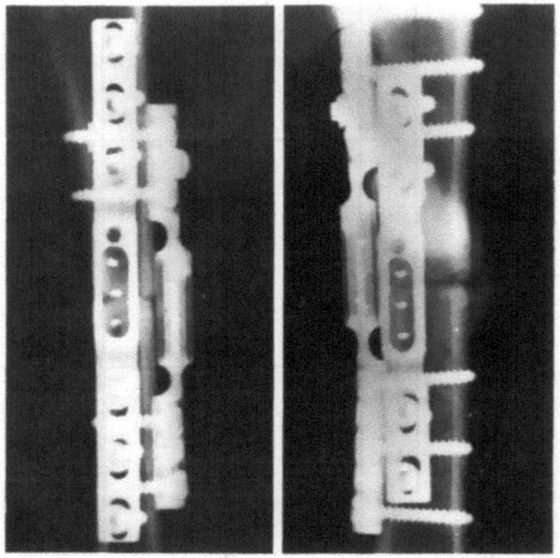

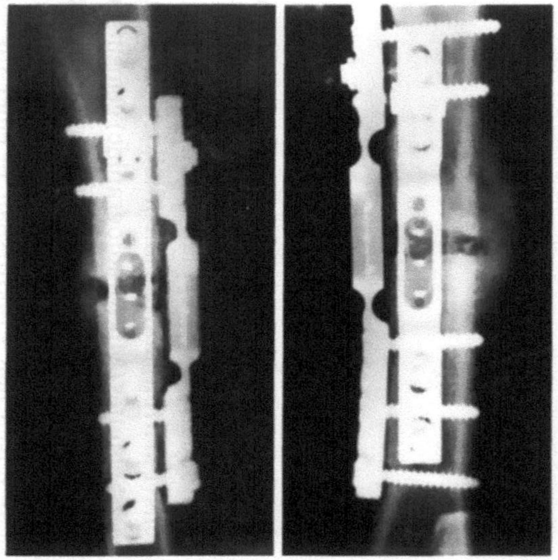

▼ 9. Woche

◀ Postop.

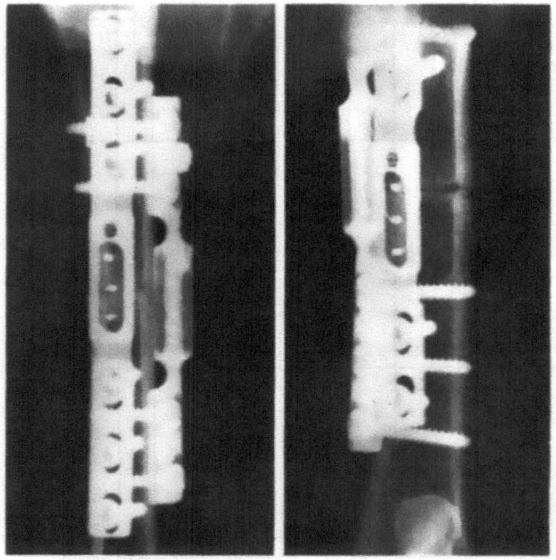

▼ 7. Woche

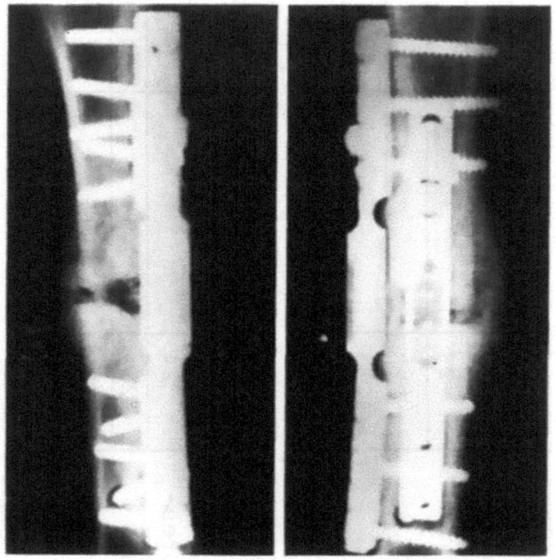

Abb. 35. Radiologischer Verlauf bei Schaf 739: Breiter Frakturspalt, wolkiger Callus, Sequester

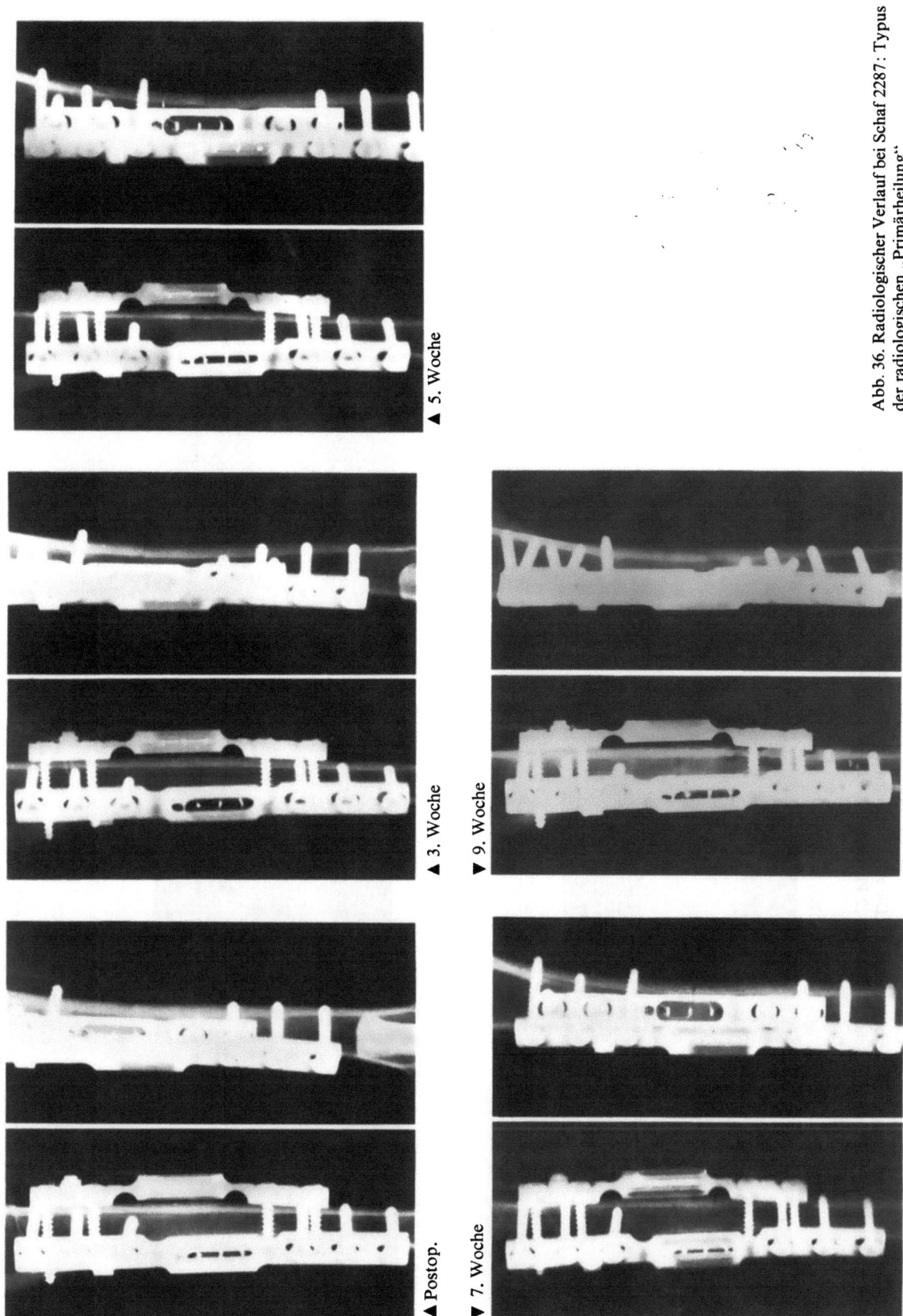

Abb. 36. Radiologischer Verlauf bei Schaf 2287: Typus der radiologischen „Primärheilung"

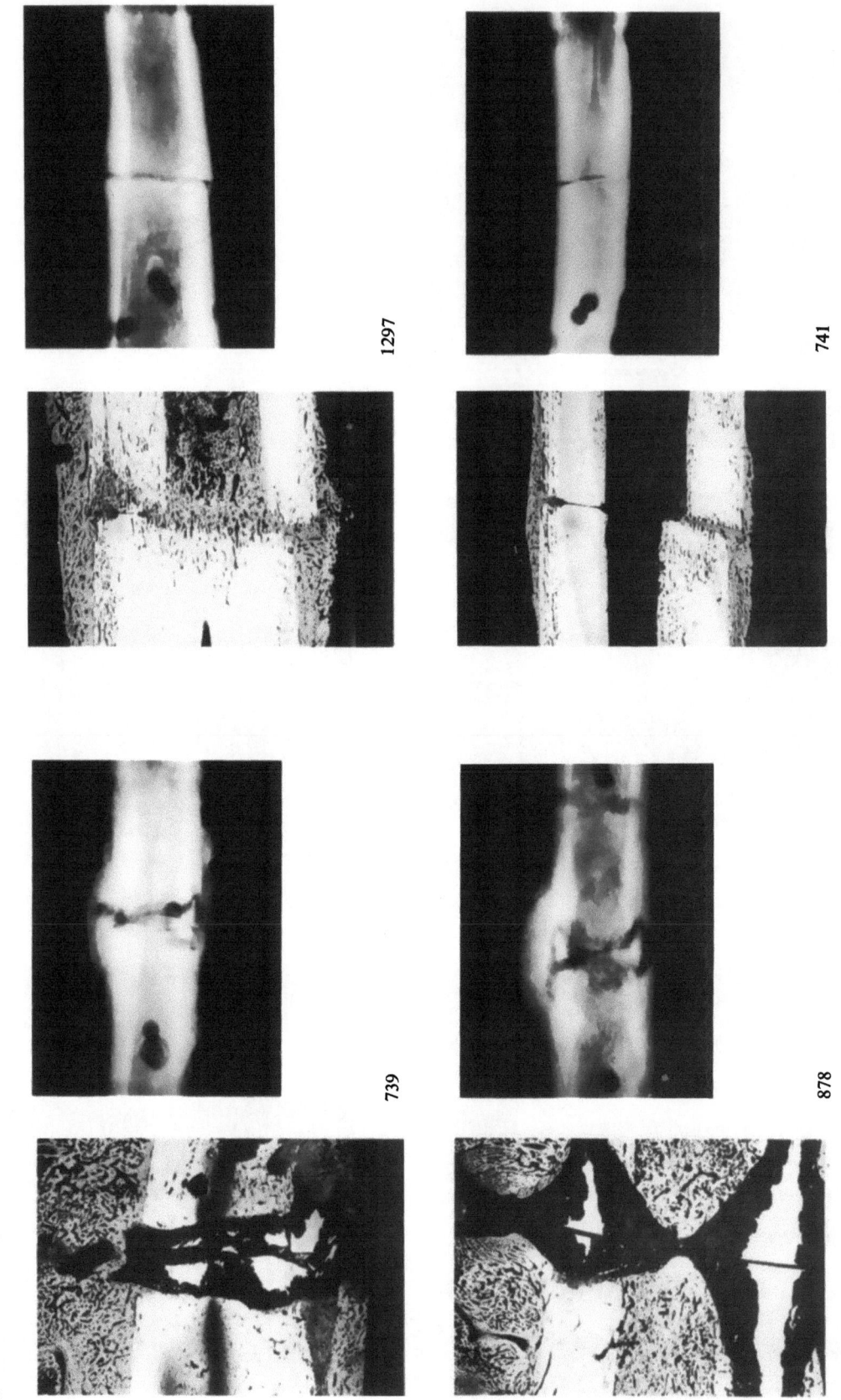

Abb. 37–39. Radiologische Abschlußkontrollen (Faxitron und Mikroradiographie) der Osteotomiezone: Die Röntgenaufnahmen nach Entfernung des Weichmantels und der Implantate zeigen den Frakturspalt besonders deutlich. Die entsprechenden histologischen Veränderungen sind aus den beigefügten Mikroradiographien erkennbar. Die Nummern neben den Bildern kennzeichnen die Schafe der Gruppe „2 Platten mit Kompression und Druckmessung" (Abb. 37), der Gruppe „1 Platte mit Kompression und Druckmessung" (Abb. 38) und Gruppe „1 Platte ohne Kompression" (Abb. 39)

Abb. 37. „2 Platten mit Kompression und Druckmessung"

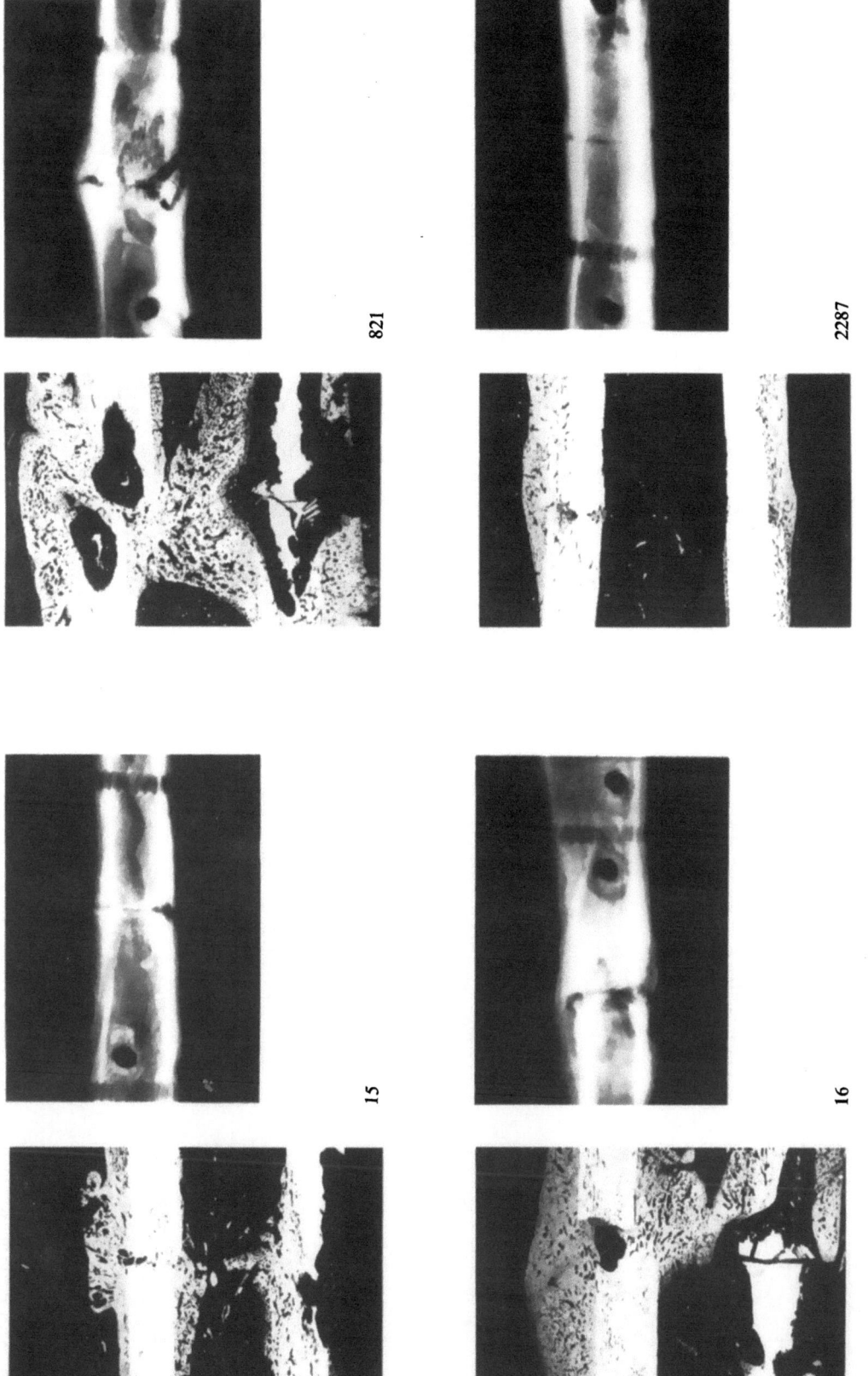

Abb. 37. „2 Platten mit Kompression und Druckmessung". (Fortsetzung)

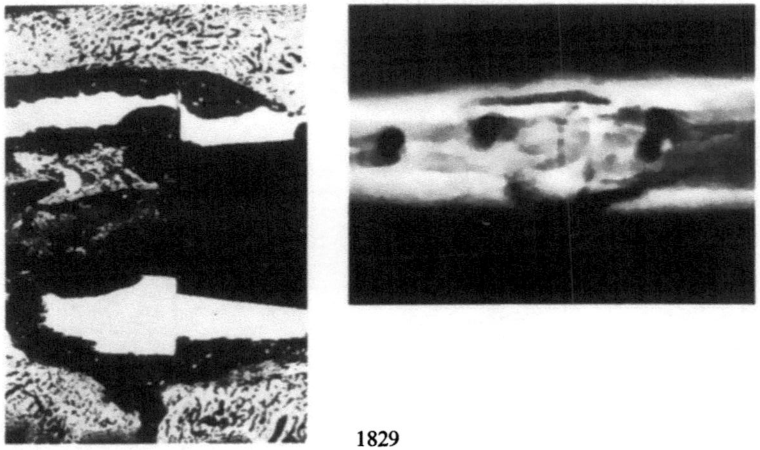

279 2665

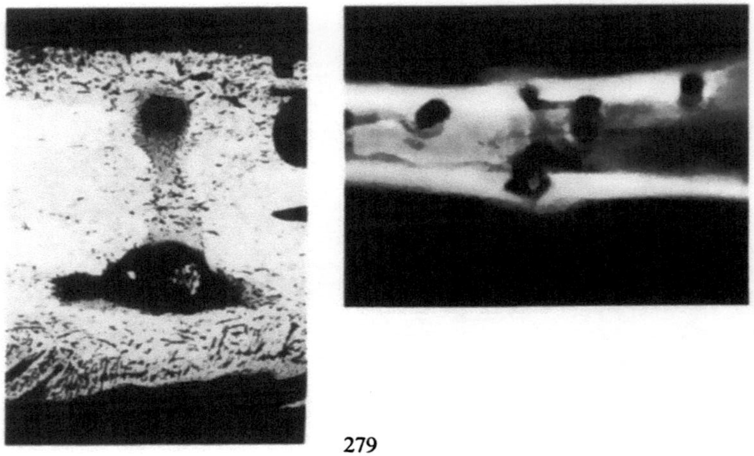

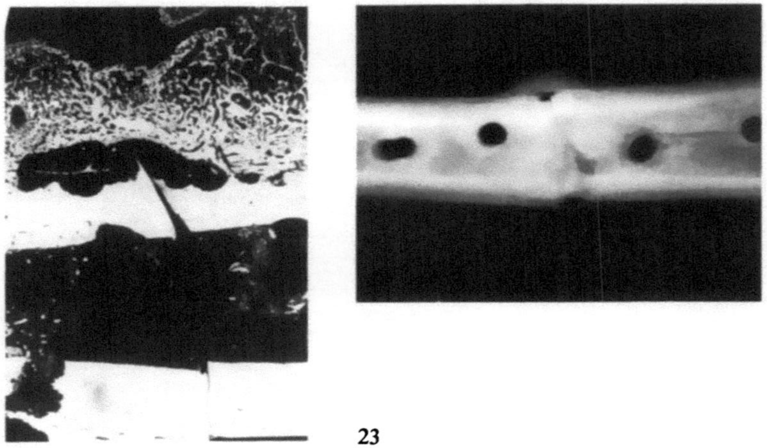

1829 23

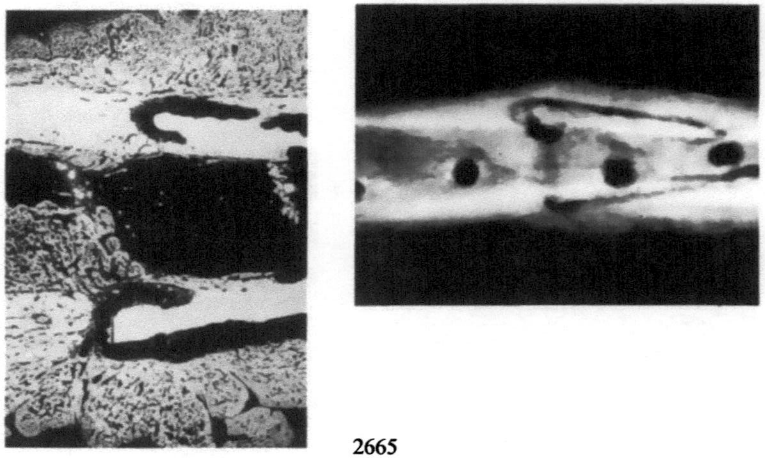

Abb. 38. „1 Platte mit Kompression"

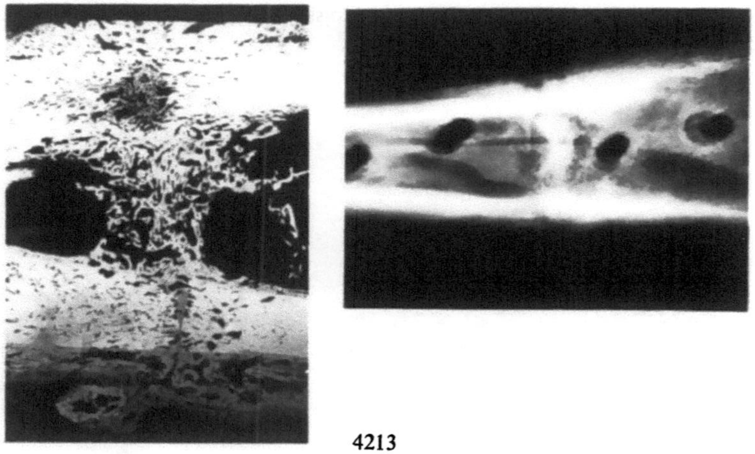

Abb. 38. „1 Platte mit Kompression". (Fortsetzung)

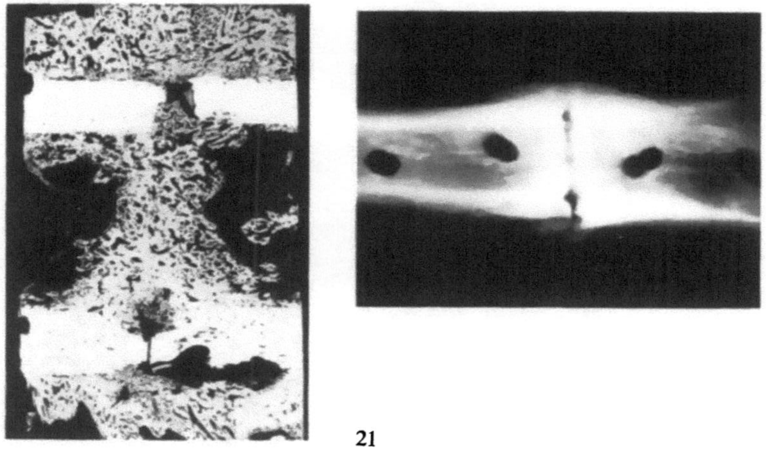

Abb. 39. „1 Platte ohne Kompression"

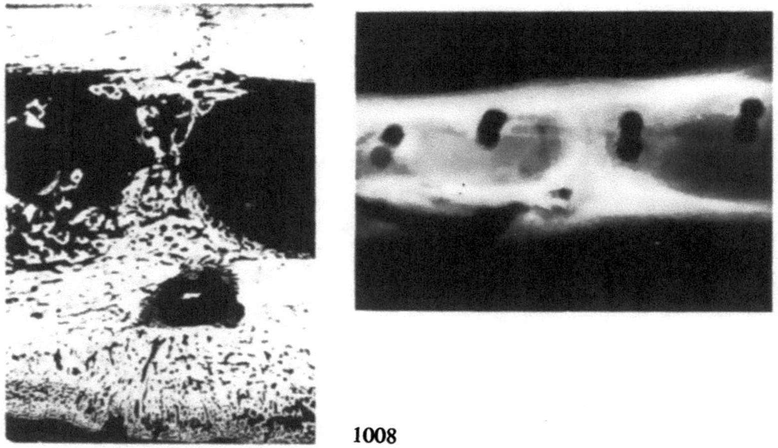

47

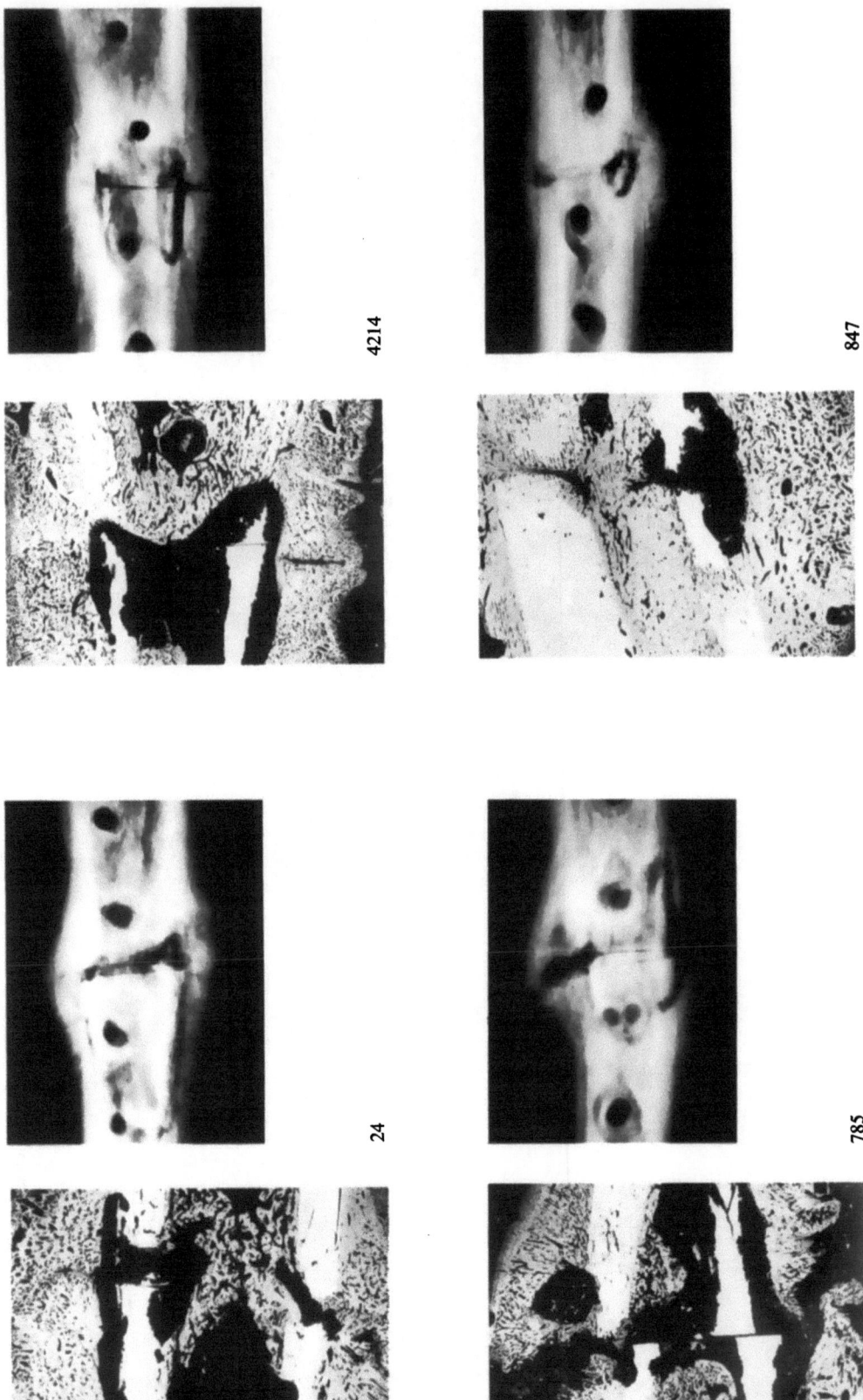

Abb. 39. „1 Platte ohne Kompression". (Fortsetzung)

Gruppe „*2 Platten mit Kompression und Druckmessung*":

Die Schafe 739, 878, 821 und 16 zeigen bei isolierter Betrachtung der Faxitronaufnahmen den Typus der radiologischen Sekundärheilung. Die knöcherne Verbindung ist beim Schaf 739 fraglich. Die beigefügten Mikroradiographien stimmen gut überein mit den radiologischen Befunden, wobei einzig beim Schaf 878 die Mikroradiographie an dieser Stelle keine knöcherne Fragmentverbindung erkennen läßt. Mikrotomschnitte[9] an anderen Stellen und das Röntgenbild zeigen eindeutig den Brückenschlag durch Callus. Durchbau vom Typus der radiologischen Primärheilung findet sich bei den Schafen 1297, 741 und 2287 dieser Gruppe. Die Mikroradiographien ergänzen die Faxitronaufnahmen in eindeutiger Weise. Beim Schaf 15 findet sich der Ansatz zur primären Heilung, wobei aber ausgedehnte Resorptionen zu finden sind.

Gruppe „*1 Platte mit Kompression*":

Nur beim Schaf 4213 gleicht der radiologische Aspekt dem Typus der Primärheilung, obwohl auf der Mikroradiographie größere Resorptionen zu erkennen sind. Die Histologie anderer Schnitte[10] dieses Tieres zeigte durchbauende Kontaktzonen. Einschränkend muß erwähnt werden, daß die Osteotomie mehr proximal als üblich lag. Alle anderen Schafe dieser Gruppe weisen radiologisch eine knöcherne Verbindung der Fragmente vom Typus der Sekundärheilung auf. Es besteht eine ausgezeichnete Übereinstimmung mit den mikroradiographischen Befunden.

Gruppe „*1 Platte ohne Kompression*":

Bei allen Schafen findet sich der radiologische Aspekt der Sekundärheilung, außer im einen Cortex des Schafes 1008. Das Schaf 785 zeigt keinen Durchbau. Die Übereinstimmung der beiden radiologischen Techniken ist gut.

---
9 Wir verweisen auf die Übersichtsaufnahme zu Abb. 42 (S. 51), wo eine durchgehende Callusbrücke erkennbar ist.
10 Wir verweisen auf den Mikrotomschnitt der Übersichtsaufnahme zu Abb. 53 (S. 56).

3.7. Histologische Untersuchungen

An gemeinsamen Charakteristika der histologischen Untersuchungen[11] sind zu erwähnen: ausgeprägte Callusbildung mit knöchernem Brückenschlag zwischen den Cortices, selten knö-

---
11 Die einzelnen Farbsequenzen waren in den histologischen Präparaten deutlich erkennbar; ihre Farbe ist auf den Reproduktionen aber schwer wiederzugeben. Zur Verdeutlichung:

■ Alizarinkomplexon
▨ Calceingrün
▨ Xylenolorange

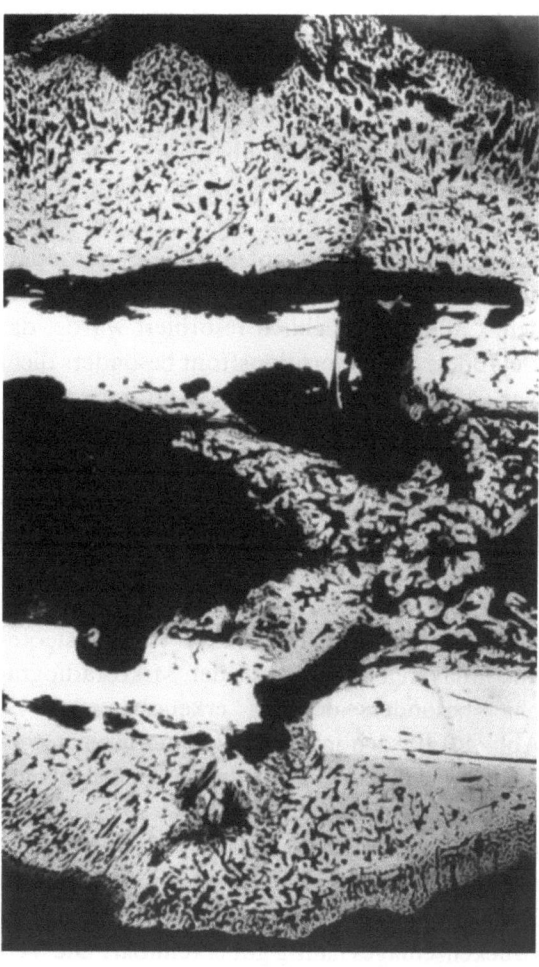

⊢————⊣ 5 mm

Abb. 40. Mikroradiographische Übersichtsaufnahme der Osteotomiezone bei Schaf 24 (Gruppe „*1 Platte ohne Kompression*"): Ein mächtiger appositioneller Callus von Spindelform verbindet die beiden Hauptfragmente; der endostale Callus ist weniger ausgedehnt. Schwere Osteolyse mit Ablösung des appositionellen Callus vom Cortex über weite Gebiete

cherne Verbindung der Fragmentenden, großflächige Resorptionen an den Knochenoberflächen mit Sequesterbildung, im Cortex Resorption mit Bildung von Absceßhöhlen und geringer Umbau des Haversschen Systems.

Im folgenden sollen vorerst die einzelnen histologischen Elemente besprochen und anschließend die Resultate gruppenweise zusammengefaßt werden.

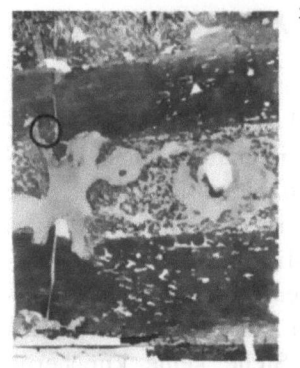

Callus. Der Callus war meist massiv ausgebildet, seine Knochenstruktur erschien wenig gerichtet. In den meisten Fällen sicherte er die knöcherne Verbindung zwischen den Hauptfragmenten. Nur in einem Fall (Schaf 785) bestand keine durchgehende Brücke. Abb. 40 zeigt ein charakteristisches Bild.

Im Hellfeld war erkennbar, daß nur wenige der kleinen Gefäße mit Tusche gefüllt waren. Die Darstellung der größeren Gefäße mit Mikropaque (Mikroangiographie) zeigte besonders deutlich, daß an Stellen, wo der Cortex unter dem Callus oberflächlich resorbiert wurde, das Gefäßnetz der Resorptionsfront besonders dicht war (Abb. 41). In Cortexnähe und in den spindelförmigen Ausläufern des Callus fanden sich am meisten Gefäße. Fern von der Osteotomie waren die Callusgefäße hauptsächlich längsgerichtet, während sie in den mittleren Schichten eher radiär verliefen (Abb. 42).

Die Spindelform des periostalen Callus, der nach proximal und distal weit über die Osteotomie hinausreichte, war auf der Mikroradiographie besonders deutlich erkennbar (s.S. 49, Abb. 40). In den inneren Schichten war er eher dicht und entweder ungeordnet oder stellenweise radiär strukturiert. In den äußeren Schichten war der Aufbau locker. In vielen Fällen erkannte man eine deutliche Schichtung der periphersten Zone. Über der Osteotomie war die Stelle des Brückenschlages häufig gut erkennbar. Die Verankerung gegenüber dem Cortex war flächig; gelegentlich drang aber der periostale Callus zapfenförmig in die äußeren Cortexschichten ein, was auf den Fluorescenzaufnahmen am deutlichsten zu erkennen war (Abb. 43). Im Bereiche der Fragmentenden wuchs der periostale Callus entweder zwischen die Fragmente vor

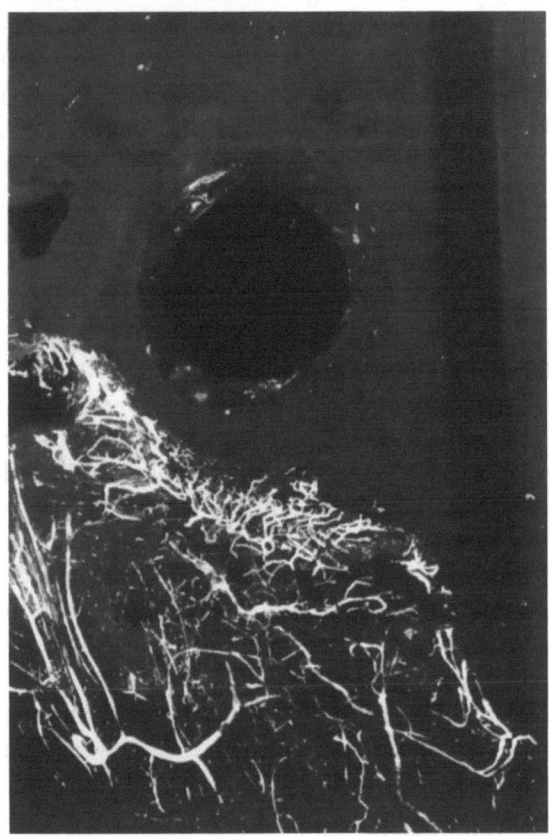

Abb. 41. Detailansicht aus der Mikroangiographie von Schaf 23 (Gruppe „*1 Platte mit Kompression*"): Stark vergrößerter Ausschnitt einer Resorptionszone zeigt ein besonders dichtes Gefäßnetz. Eine völlig inaktive Osteotomie (↓) ist erkennbar. Innerhalb des Cortex findet sich eine Absceßhöhle

---

12 Für Übersichtsaufnahmen verwendeten wir meist Mikrotomschnitte, wodurch die histologische Dokumentation erweitert wurde. Die Vergleichsbilder entsprechen sich aber nicht genau und der Markierungspunkt gibt nur die grobe Lokalisation der Detailaufnahme wieder.

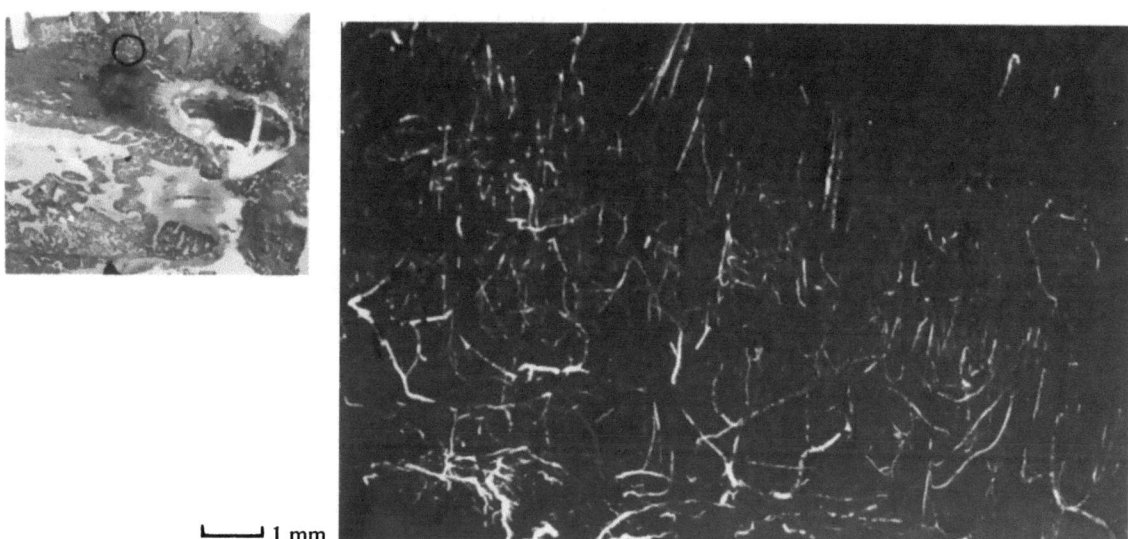

└──┘ 1 mm

Abb. 42. Detailansicht aus der Mikroangiographie des Schafes 878 (Gruppe „2 Platten mit Kompression und Druckmessung"): Auf dem stark vergrößerten Ausschnitt aus dem Bereiche des mächtigen appositionellen Callus erkennt man in den mittleren Schichten einen mehr radiären, in Cortexnähe (unten) einen eher längsgerichteten Gefäßverlauf

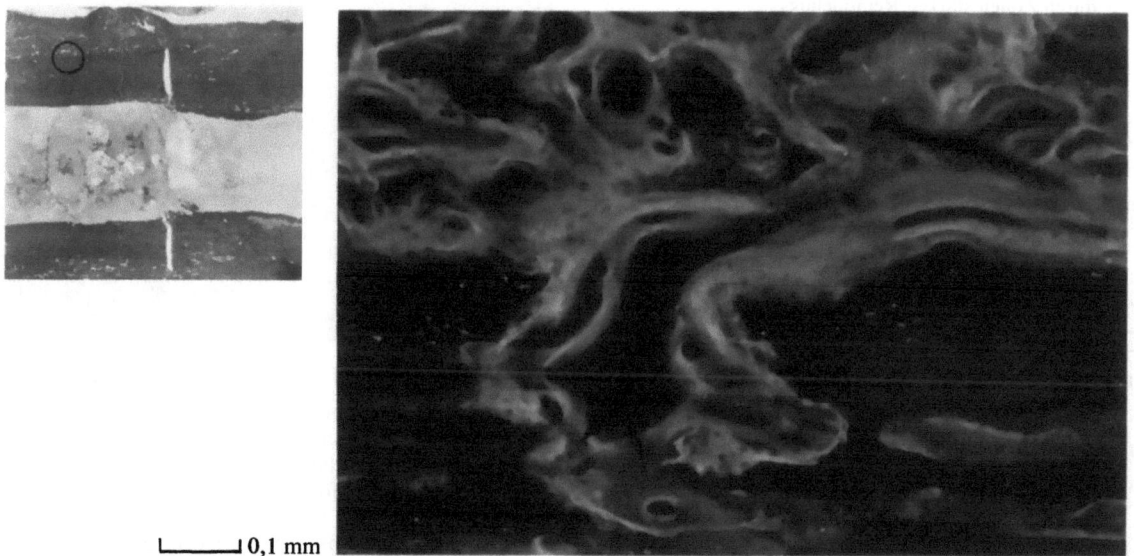

└──────┘ 0,1 mm

Abb. 43. Verankerung des appositionellen Callus im Cortex: Der Callus dringt an einer Stelle zapfenförmig in die äußeren Cortexschichten ein (Schaf 2287, Gruppe „*2 Platten mit Kompression und Druckmessung*")

Woche ein Maximum, war aber zu Versuchsende in den äußersten Schichten noch nicht abgeschlossen. Der Bau des endostalen Callus verlief meist zeitlich parallel zum periostalen Aufbau.

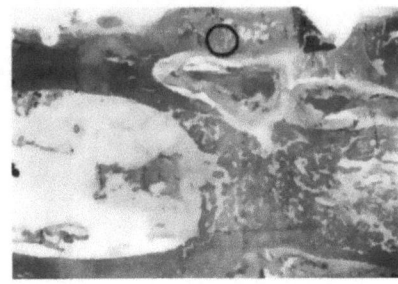

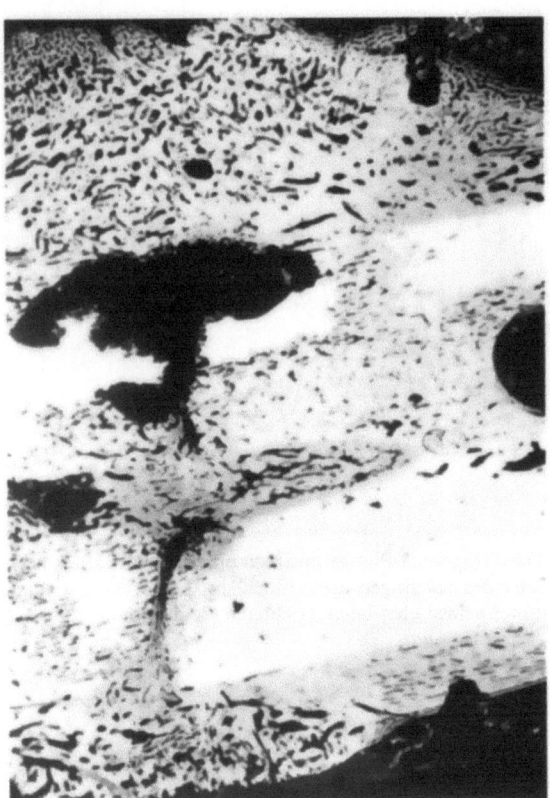

Abb. 44. Mikroradiographie der Osteotomiezone von Schaf 847 (Gruppe „*1 Platte ohne Kompression*"): Auf dem Längsschnitt erkennt man, daß sich der periostale Callus auf der einen Seite zwischen die Fragmentenden vorschiebt, während auf der Gegenseite eine große Resorptionshöhle besteht. Beachte die Abgrenzung des unvollständigen Sequesters durch Zonen starken Remodelings

(Abb. 44) oder zog sich recessusförmig von den Fragmentenden zurück (s.S. 49, Abb. 40). Der endostale Callus ließ meist nur eine geringe Dichte und Schichtung erkennen.

Die Fluorescenzmikroskopie zeigte periostal eine vorwiegend flächenförmige Ablagerung von Calceinblau (zweite und dritte Woche) und Xylenolorange (vierte Woche) im unreifen Callusknochen. Calceingrün (fünfte und sechste Woche) und Alizarinkomplexon (siebte Woche) erschienen dagegen als scharfe Linien vorwiegend im Umbau von fibrösem zu lamellärem Callusknochen. Dies vermittelte oft den Anblick von eigentlichen Farbbändern (Abb. 45). Die Knochenbildung erreichte in der fünften bis sechsten

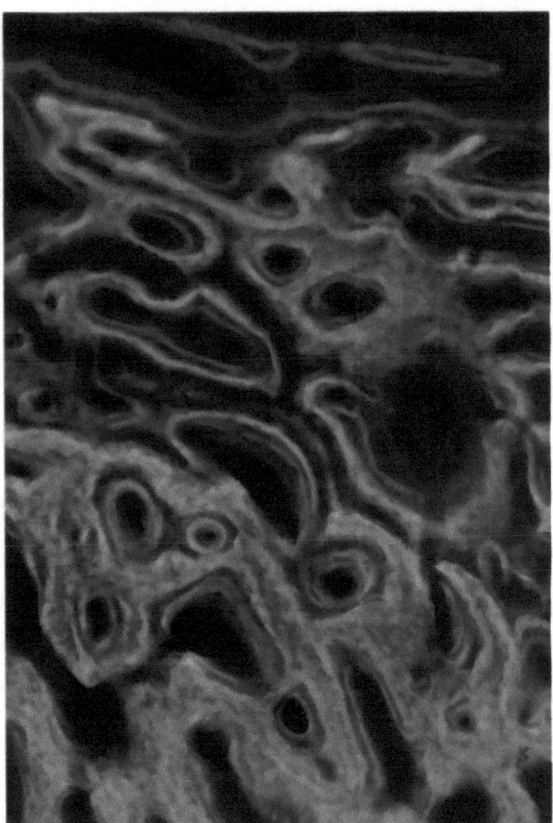

Abb. 45. Aufbau des appositionellen Callus im Fluorescenzbild: Auf den cortexnahen Schichten werden die Farbstoffe in der 4. und 5. Woche (orange = Xylenolorange, grün = Calceingrün$_1$) flächenförmig abgelagert, während die späteren Ablagerungen der 6. und 7. Woche (grün = Calceingrün$_2$, cognac = Alizarinkomplexon) den Umbau von fibrösem zu lamellärem Knochen veranschaulichen (Schaf 821, Gruppe „*2 Platten mit Kompression und Druckmessung*")

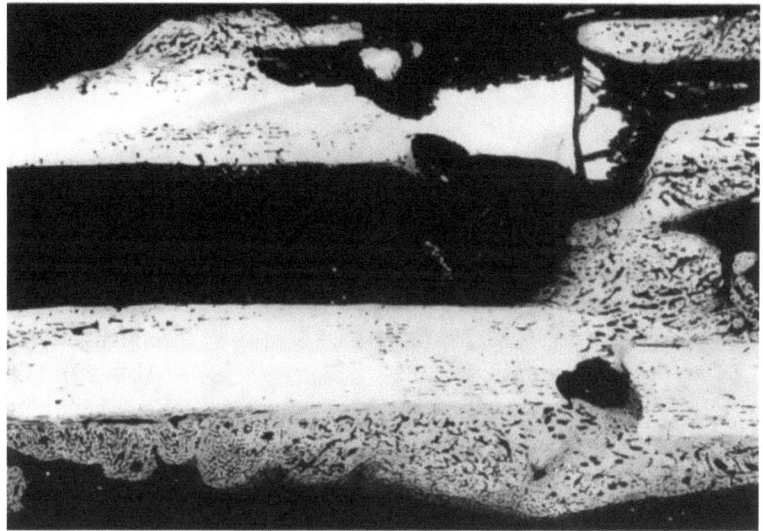

Abb. 46. Kugelförmige Arrosionen bei Sequesterbildung (Schaf 16, Gruppe „*2 Platten mit Kompression und Druckmessung*"): Auf der Mikroradiographie erkennt man kugelförmige Arrosionen, welche bei gleichzeitigem Vordringen von periostal und endostal zur Auslösung von Sequestern führen

⊢──────⊣ 5 mm

Resorptive Prozesse. Flächenhafte Resorptionen griffen die Knochenoberflächen an und führten durch Vorwachsen von mehreren Seiten her zum Auslösen von Sequestern. Innerhalb des Cortex fanden sich Resorptionskavernen mit massenhaft Rundzellen.

Im Hellfeld sah man anhand der Tuschefüllung, daß Gefäße von außerhalb des Knochens in die flächigen Resorptionsfronten vordrangen.

An einigen Stellen fanden sich kugelförmige Arrosionen (Abb. 46); die entstehenden Höhlen wurden häufig von feinverästelten Gefäßbäumen durchzogen (Abb. 47). Die Sequenz der resorptiven Prozesse zeigt gleichzeitiges Vorwachsen der Arrosionen von periostal und endostal her mit darauffolgender Auslösung eines Sequesters (Abb. 46). Häufig wurde das ganze Gebiet der Osteotomie als Block herausgelöst, die

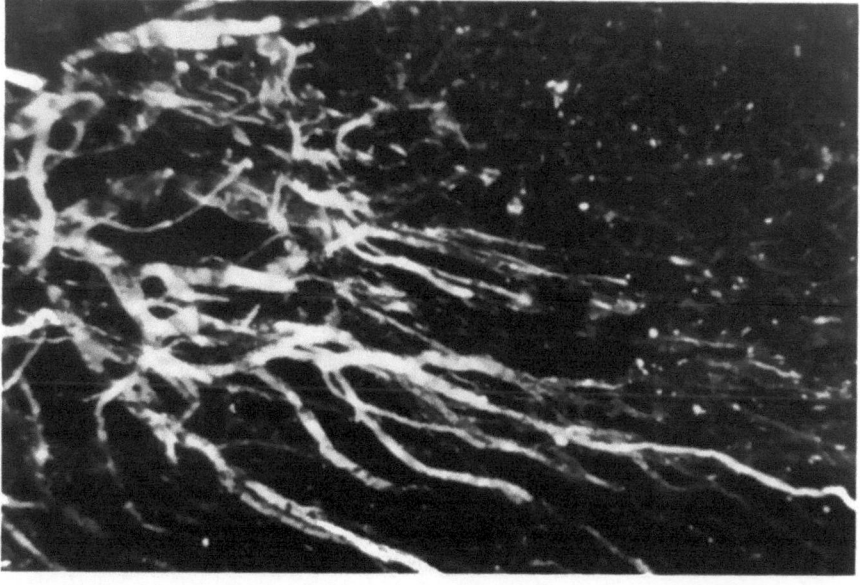

⊢──────⊣ 0,3 mm

Abb. 47. Gefäßbaum in einer Resorptionshöhle: Häufig beinhalteten die Resorptionshöhlen ein dichtes Gefäßnetz. Starke Vergrößerung aus einer Mikroangiographie der Osteotomiezone von Schaf 1829 (Gruppe „*1 Platte mit Kompression*")

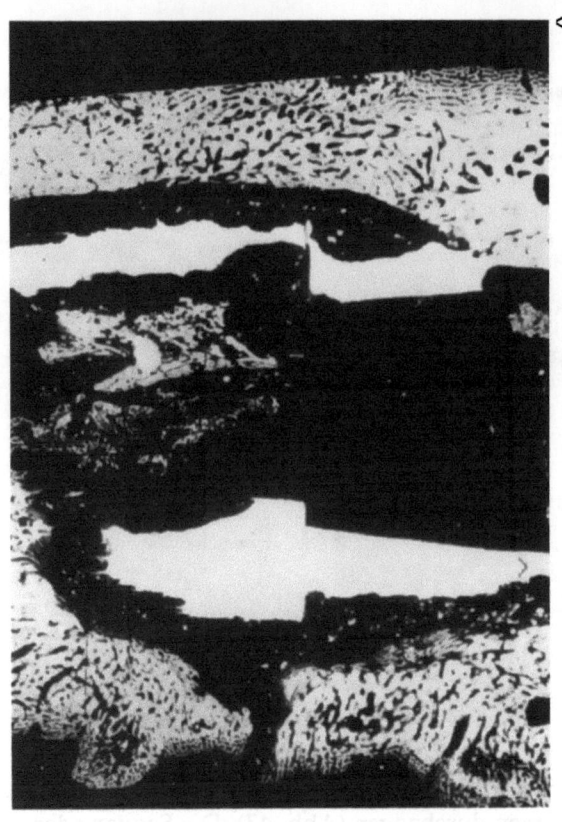

◁ Abb. 48. Sequestrierte Osteotomiezone bei Schaf 1829 (Gruppe *„1 Platte mit Kompression"*): Auf der Mikroradiographie erkennt man eine praktisch vollständige Sequestrierung der Osteotomiezone. Die Osteotomie ist im einen Cortex von den resorptiven Prozessen wenig ergriffen

Osteotomie blieb im Sequester klar erkennbar (Abb. 48). Auffallend selten diente die Osteotomieebene selbst als Angriffspunkt der osteolytischen Prozesse. Die abgelösten Sequester wurden nur an den anderen Seiten arrodiert und zeigten dort typische Resorptionsfronten (Abb. 49). Osteoblastensäume waren selten, Knochenablagerungen fehlten auf diesen Flächen fast vollständig. Ein zeitliches Einstufen der resorptiven Vorgänge war schwierig, da nur wenige Resorptionsfronten Fluorochrome aufwiesen. Die spärlichen Fluorescenzmarkierungen sprechen für ein Auslösen meist nach der fünften Woche. Die Sequester selbst zeigten kaum je Knochenumbau und enthielten in der Regel keine Gefäße. Tropfenartige Resorptionen („Goccie di cera", [29]) bildeten sich häufig im Bereich der Osteotomien und verkleinerten

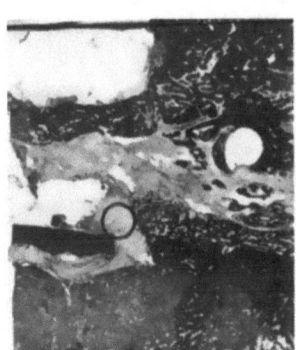
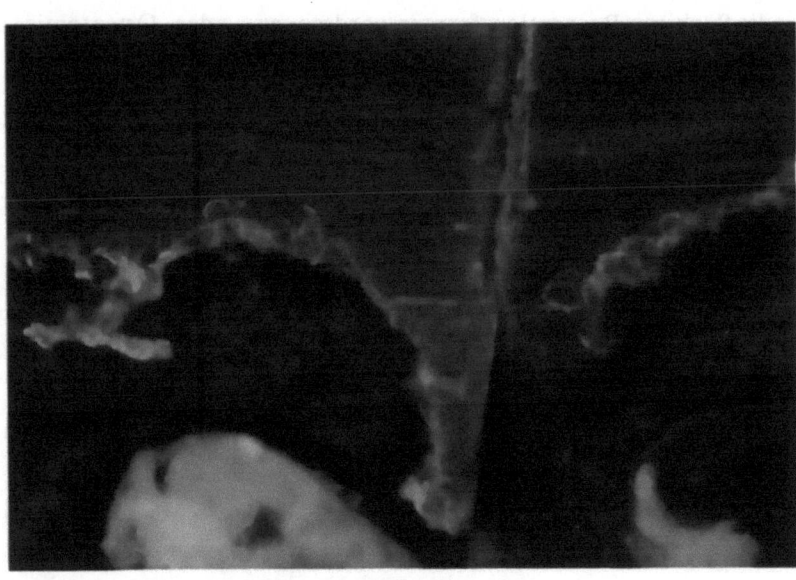

Abb. 49. Resorptionsfronten am Sequester: Typische Resorptionsfronten mit Farbstoffdepots der 5.–7. Woche (grün = calceingrün, cognac = Alizarinkomplexon). Die Osteotomie selbst ist wenig betroffen. Fluorochrom-Aufnahme von Schaf 4214 (Gruppe *„1 Platte ohne Kompression"*)

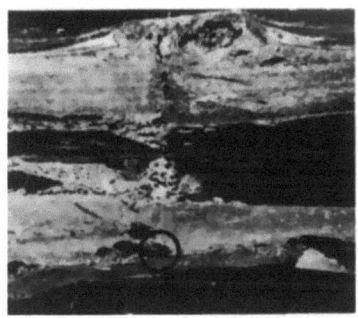
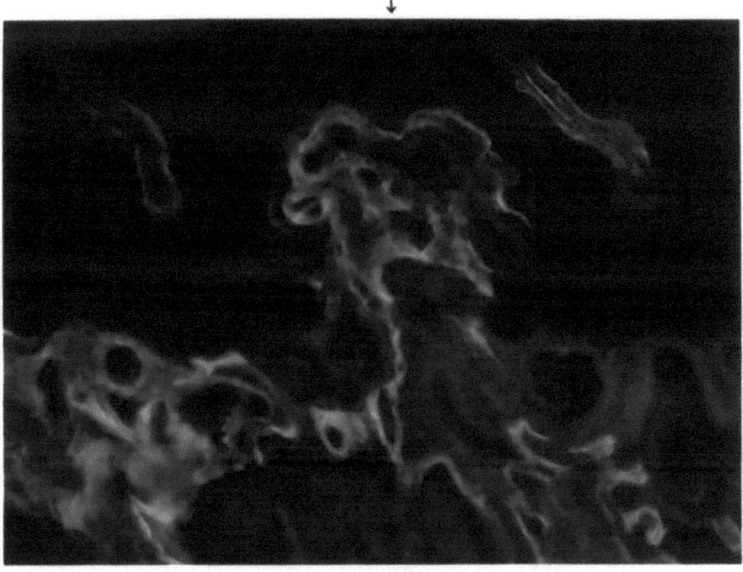

Abb. 50. „Goccia di cera" in der Osteotomiezone: Die umschriebene Resorptionshöhle ist in der 7. Woche (cognac = Alizarinkomplexon) mit lamellärem Knochen aufgefüllt worden. Die Osteotomie (↓) ist auf dieser Fluorescenzaufnahme nicht erkennbar (Schaf 15, Gruppe „*2 Platten mit Kompression und Druckmessung*")

so den Schaftquerschnitt gelegentlich beträchtlich. Diese Resorptionsform fand sich auch in einem Fall, wo beide Cortices auf dem Längsschnitt an einzelnen Stellen Kontaktheilung zeigten und damit zirkulärer Fragmentkontakt angenommen werden kann. Diese tropfenartigen Einbuchtungen wurden später mit lamellärem Knochen aufgefüllt und wirkten dann als Elemente knöcherner Überbrückung (Abb. 50, s. auch S. 52, Abb. 44). Die resorptiven Prozesse griffen den Callus häufig in Osteotomienähe an. Vorgefundene markierte Gewebebröckel und unregelmäßige Grenzschichten des Callus zeigen, daß wahrscheinlich eine primär an die Fragmentenden angebaute Brücke sekundär durch Osteolyse von den nun gebildeten Sequestern wieder abgelöst wurde (Abb. 51 und s.S. 49, Abb. 40).

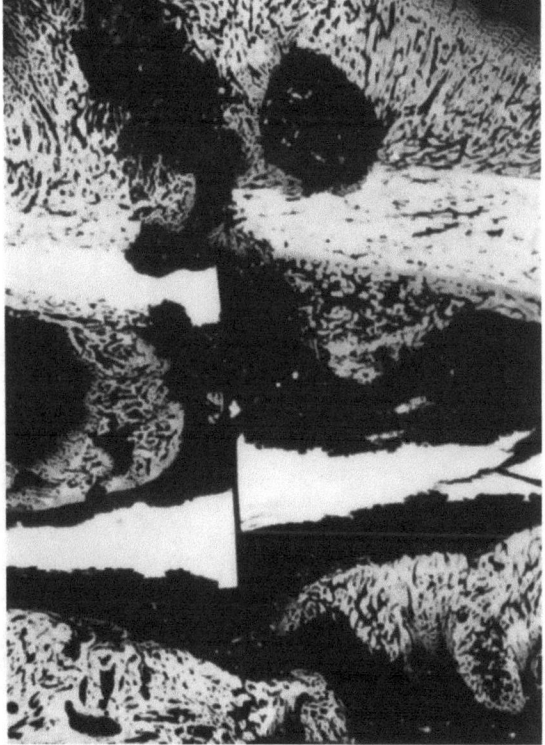

Abb. 51. Mikroradiographie der Osteotomiezone bei ▷ Schaf 785 (Gruppe „*1 Platte ohne Kompression*"): Der appositionelle Callus zeigt unvollständige Brückenbildung und keine Haftung auf den Sequestern

Abb. 52. Kontaktzone mit Goccie di cera, Spaltheilung und bandförmige Anordnung der Haversschen Umbauzonen: Die Zonen des Haversschen Umbaus („Remodeling") ziehen bandförmig vom inneren zum äußeren Cortex. Mikroradiographie von Schaf 1297 (Gruppe „*2 Platten mit Kompression und Druckmessung*"). Die Schnittfläche verläuft leicht schräg, so daß der Markraum nicht überall getroffen ist

Innerer Knochenumbau[13]. Der innere Knochenumbau war in den untersuchten Knochenpartien gering. Die längsgerichteten Osteone innerhalb des Cortex waren oft in schrägverlaufenden Bändern angeordnet (Abb. 52). Rundzellen fehlten in diesen Zonen, die Osteocyten waren gut sichtbar (Abb. 53). In direkter Umgebung der Osteotomie war der Umbau häufig gesteigert, mit unregelmäßiger Verteilung auf die Knochenenden (Abb. 54). Wie erwähnt, fand sich innerhalb der Sequester kein Haversscher Umbau (Abb. 55). Ausnahmsweise war am Sequester ein lokalisier-

---

[13] Innerer Knochenumbau, corticaler Umbau und Remodeling werden im Rahmen dieser Arbeit synonym verwendet zur Bezeichnung des Umbaus (z.B. des Haversschen Systems) innerhalb des Cortex, im Gegensatz zu periostalem und endostalem Anbau (Callus) und Abbau (Osteolyse).

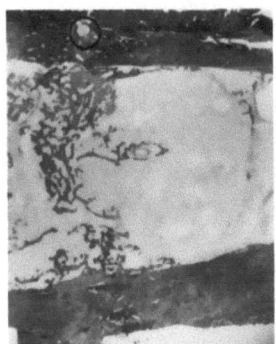
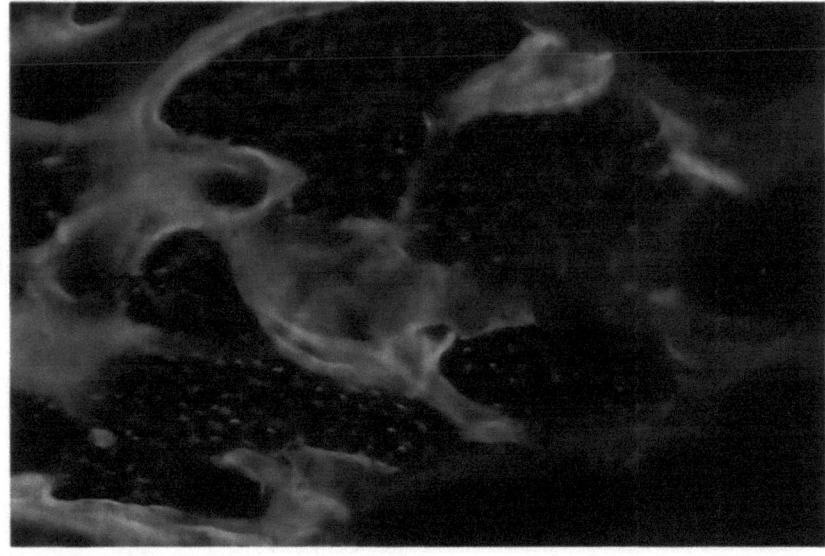

Abb. 53. Umbauzone mit markierten Osteocyten: Anreicherung von Calceingrün in Osteocyten (-höhlen), daneben markierte flächige Knochenablagerung (Schaf 4213, Gruppe „*1 Platte mit Kompression*")

tes „Remodeling" zu erkennen. An den Sequestern, die aus einer Region vermehrten Umbaues abgelöst schienen, bestand eine Callusauflage. Der Hauptanteil des Knochenumbaus fand in der fünften und sechsten Woche statt und war am Versuchsende weniger ausgeprägt (Abb. 56).

Die vergleichenden Untersuchungen des Gefäßbaumes in den mikroangiographischen Präparaten erbrachten keine Unterschiede zwischen den Gruppen. Sie zeigten auch keine Korrelation zwischen Gefäßdichte und Typ der Knochenheilung oder Ausdehnung der osteolytischen Prozesse. Dies gilt für den Cortex wie für den Callus und den Markraum.

Knöcherne Verbindung zwischen den Fragmentenden. Nur in wenigen Fällen war die knöcherne Verbindung zwischen den Fragmentenden weit vorangeschritten und erfolgte dann durch Auf-

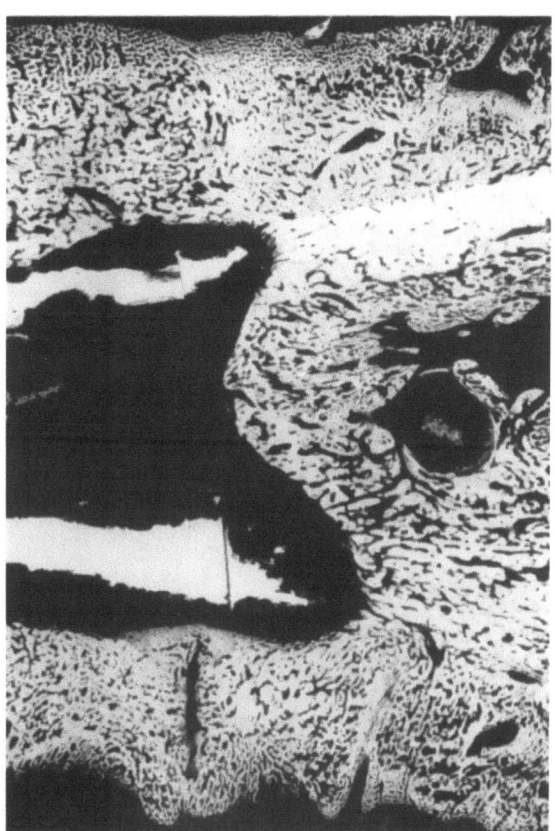

Abb. 55. Mikroradiographische Aufnahme der sequestrierten Osteotomiezone von Schaf 4214 (Gruppe *„1 Platte ohne Kompression"*): Man erkennt innerhalb der Sequester kaum corticalen Umbau, während die Fragmentenden ein sehr aktives Remodeling zeigen. Der Callus unten im Bild ist nicht vollständig durchgebaut

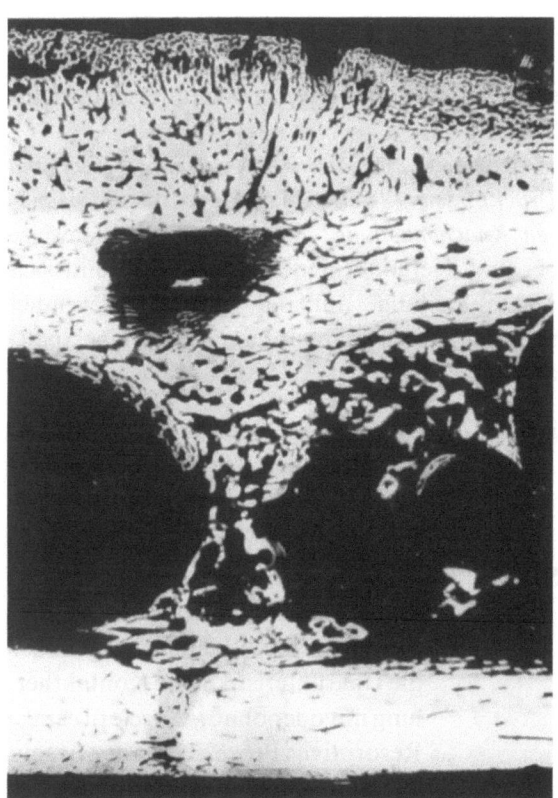

Abb. 54. Haversscher Umbau in Osteotomie-Nähe: In der Nähe der Resorptionshöhle findet sich gesteigerter Knochenumbau. Gegenüber Spaltheilung mit wenig Callus (Schaf 1008, Gruppe *„1 Platte ohne Kompression"*)

füllung der Osteotomiespalte mit fibrösem oder lamellärem Knochen (Spalt-„heilung", [30]) oder bei engem Kontakt der Fragmente durch direktes Durchwachsen von vereinzelten Osteonen (Kontakt-„heilung", [99])[14]. Ein Fehlen von Durchbau beobachteten wir, wenn die Spalte zwischen den Fragmenten durch Osteolyse und Sequestration besonders weit war. In derartigen Fällen war die Ablagerung von neuem Knochen gering und erfolgte erst am Versuchsende (Abb. 57).

[14] Die Begriffe Spalt„heilung" und Kontakt„heilung" verwenden wir, um das *Muster* der knöchernen Verbindung im histologischen Bild zu charakterisieren. Eine Heilung, weder im Sinne der Restitutio ad integrum noch der in der Klinik als „abgeschlossen" bezeichneten Knochenheilung kann in 8 Wochen erwartet werden.

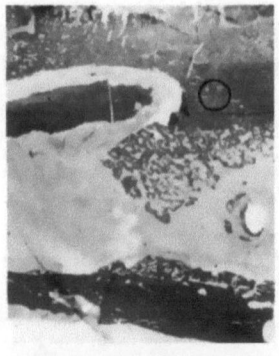

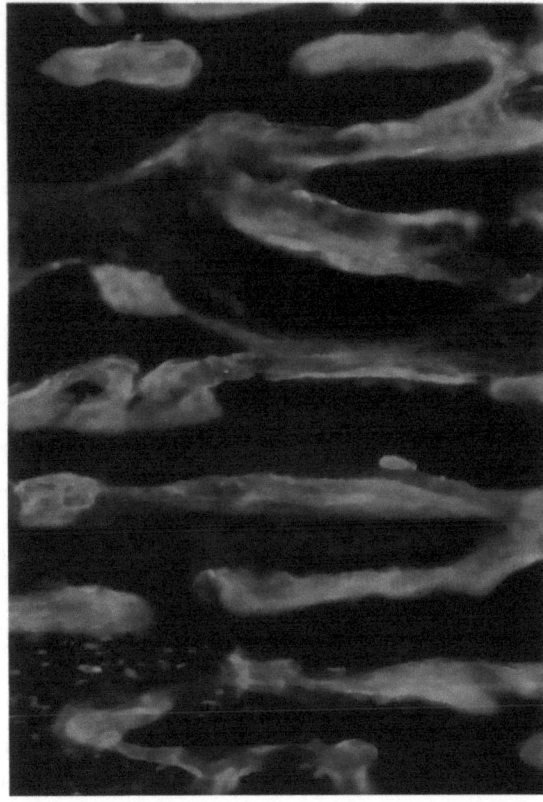

⊢―――⊣ 0,1 mm

Abb. 56. Haverssche Umbauzone bei Schaf 2665 (Gruppe „*1 Platte mit Kompression*"): Die größte Aktivität des inneren Knochenumbaus fand meist in der 5. bis 6. Woche statt (grün = Calceingrün)

Kontaktheilung: Nur vereinzelt stießen Osteone mit ihren Gefäßen gegen die Osteotomie vor; sie überkreuzten sie selten (Abb. 58). Die Osteone waren längsgerichtet und lagen meist innerhalb der beschriebenen bandförmigen Umbauzüge. Entzündungszellen waren in Nähe der Osteone nicht anzutreffen. Die Kontaktheilung begann meist in der siebten und achten Woche, vereinzelt schon in der fünften und sechsten Woche.

Spaltheilung: In den Spalten zwischen den Fragmenten, welche praktisch frei von Rundzellen waren, fanden sich kontrastgefüllte Gefäße (Abb. 59). Lamellärer Knochen füllte die Lücken aus. Er war quer orientiert und entstand, wie auf den Mikroradiographien besonders deutlich gezeigt werden kann (s.S. 52, Abb. 44), unabhängig vom Knochenumbau innerhalb des Cortex. In der fünften bis siebten Woche war die Auffüllung in vollem Gang (Abb. 60). Erst in vereinzelten Fällen wuchsen am Versuchsende Osteone aus dem Cortex in Knochenlängsachse durch den aufgefüllten Spalt hindurch (Abb. 61).

Im folgenden wird jede Gruppe auf die beschriebenen histologischen Merkmale hin untersucht. Für alle Tiere gilt, daß sie Knochenabscesse unterschiedlicher Ausdehnung hatten, die sich auf dem gesamten Knochenquerschnitt fanden.

Gruppe „*2 Platten mit Kompression und Druckmessung*": Die Charakteristika der *primären Knochenheilung*[15] fanden sich stellenweise bei fünf Tieren. Auf der einen Seite fand sich Kontaktheilung, auf der gegenüberliegenden Seite der Knochencircumferenz meist eine Spaltheilung.

Schaf 2287:

    wies in beiden Cortices Kontaktheilung auf. Nur wenig Resorption. Geringe Callusbildung.

Schafe 1297, 15:

    zeigten auf der einen Seite die Elemente der Spaltheilung, gegenüber die Charakteristika der Kontaktheilung mit oder ohne „Goccie di cera". Resorptive Prozesse waren wenig ausgeprägt, bewirkten aber auf der Kontaktseite bei Schaf 15 eine intracorticale Resorptionshöhle (Abb. 62). Nur wenig Callus.

―――――――

15 Siehe Fußnote 14, Seite 57.

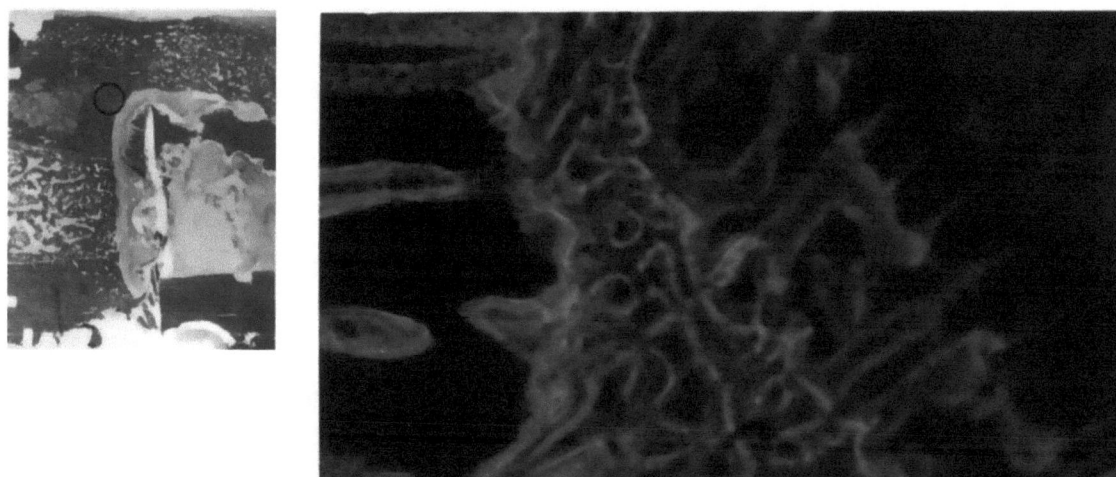

Abb. 57. Knochenneubildung um osteolytischen Herd: Die Ablagerung von frischem Knochen fand auf den Fragmentenden meist erst in der 8. Woche statt (cognac = Alizarinkomplexon, smaragdgrün = nicht markiert). Fluorescenzaufnahme von Schaf 16 (Gruppe „*2 Platten mit Kompression und Druckmessung*")

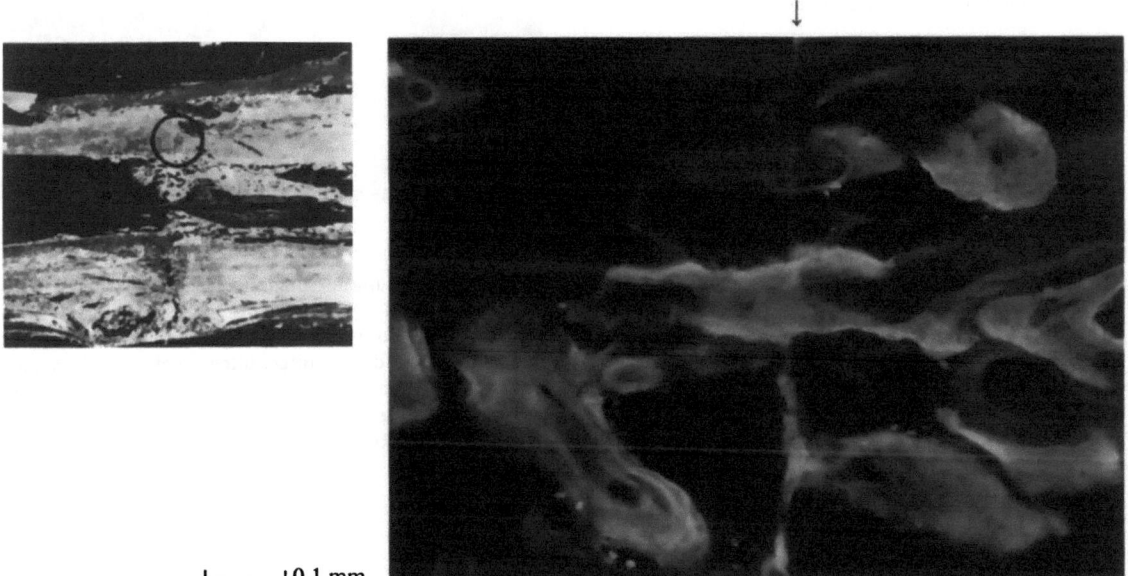

Abb. 58. Kontaktheilung bei infizierter Osteotomie der Schaftibia: Vereinzelte Osteone überkreuzen die Osteotomie (↓) des Schaftes nach der 4. Woche (Schaf 15, Gruppe „*2 Platten mit Kompression und Druckmessung*")[16]

---

16 Vgl. auch Abb. 62, S. 61.

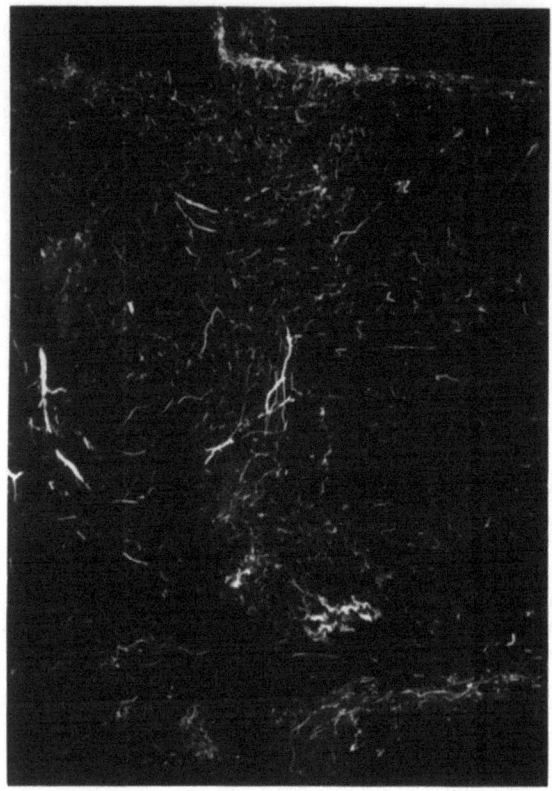

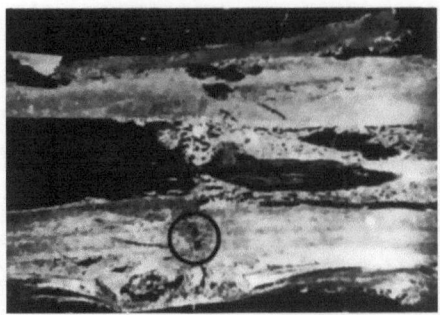

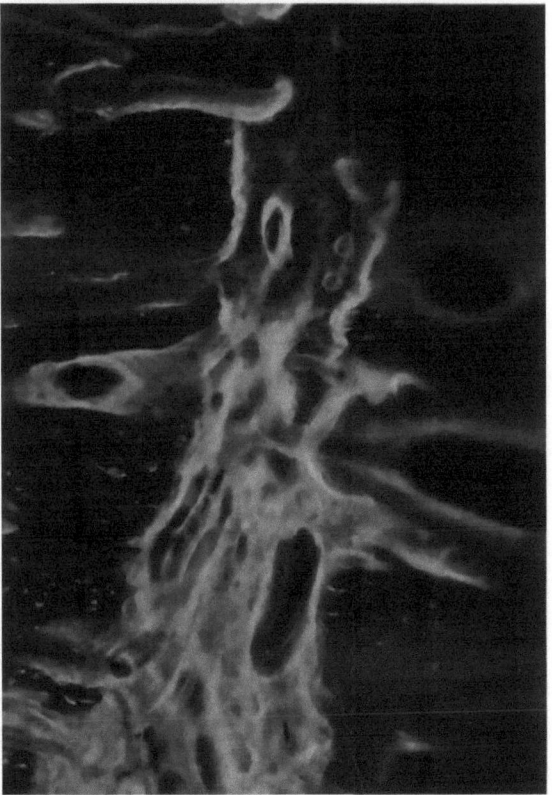

└────┘ 3 mm

Abb. 59. Mikroangiographie einer Osteotomiezone mit Spaltheilung: Zwischen den peripher getroffenen Fragmentenden, welche durch Spaltheilung knöchern verbunden sind, findet sich ein dichtes Gefäßnetz (Schaf 1297, Gruppe *„2 Platten mit Kompression und Druckmessung"*)

Schaf 741: Auf der einen Seite des Cortex begann spät eine Spaltheilung. Auf der gegenüberliegenden Seite lagen noch kaum Zeichen einer knöchernen Verbindung der Fragmentenden vor. Wenig Resorptionszeichen. Nur geringe appositionelle Callusbildung.

Schaf 821: Auf der einen Cortexseite Durchbau nach dem Muster der Spaltheilung, neben der Osteotomie Resorptionshöhlen. Im gegenüberliegenden Cortex ausgedehnte Sequestration der ganzen Osteotomiezone[17]. Darüber eine nur unvollständige Callusbrücke. Endostal vollständige Verbindung der beiden Fragmente durch Callusbrücke.

└────┘ 0,1 mm

Abb. 60. Spaltheilung der infizierten Osteotomie der Schaftibia: In der 5. und 6. Woche wurde der Spalt zwischen den Fragmentenden mit quer orientiertem lamellärem Knochen überbrückt. Von dieser aufgefüllten Lücke aus begannen die Osteone in Längsrichtung in den Cortex hinauszuwachsen (sog. „plugging"), (Schaf 15, Gruppe *„2 Platten mit Kompression und Druckmessung"*)

---

17 Deshalb im folgenden nicht mehr zu den Tieren mit Durchbau vom Typ der Primärheilung gerechnet.

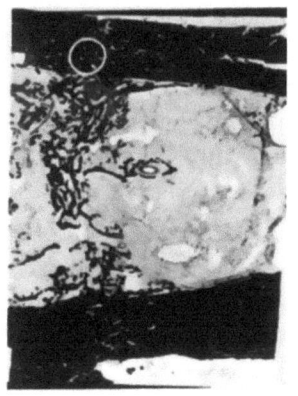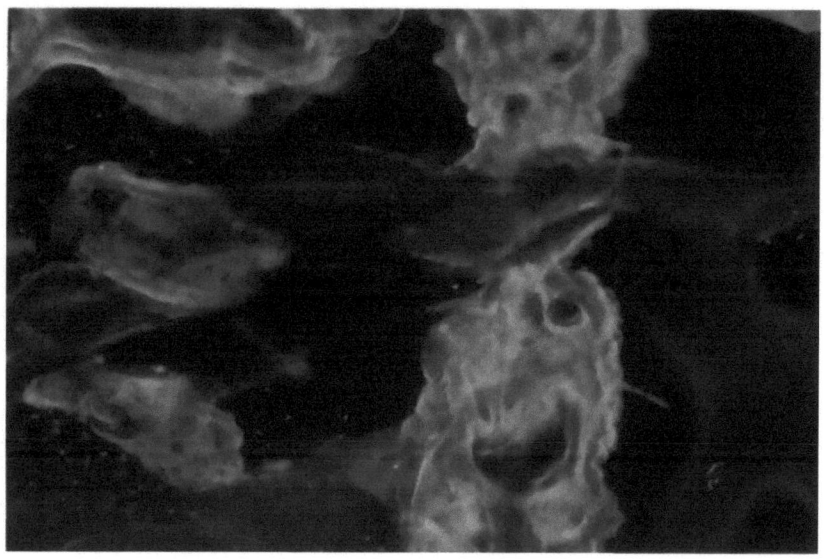

⌊_____⌋ 0,1 mm

Abb. 61. Spaltheilung mit sekundärem Remodeling vom Cortex her: In vereinzelten Fällen wuchsen Osteone aus dem Cortex in Knochenlängsachse über den aufgefüllten Spalt hinweg (Schaf 4213, Gruppe „*1 Platte mit Kompression*")

Abb. 62. Mikroradiographie der Osteotomiezone beim Schaf 15 (Gruppe „*2 Platten mit Kompression und Druckmessung*"): Durch ausgedehnte Resorption ist der tragfähige Querschnitt des Knochens reduziert

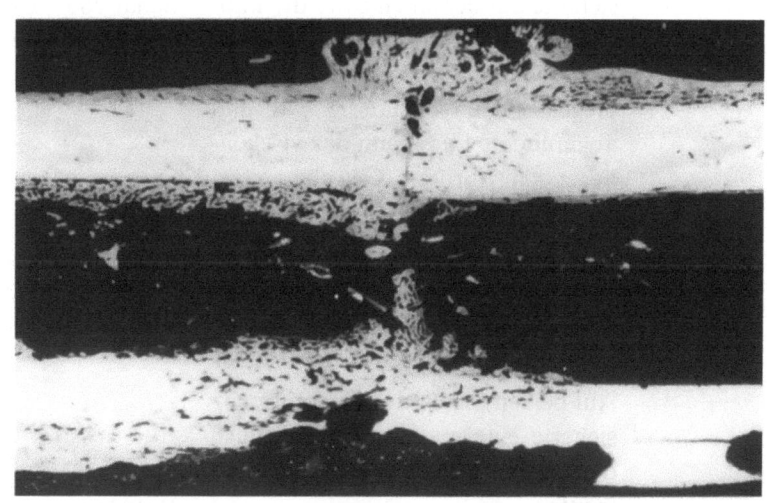

⌊_____⌋ 5 mm

Bei den drei verbleibenden Schafen dieser Gruppe überwogen *ausgedehnte Sequestrierungen* im Osteotomiebereich. Eine knöcherne Verbindung schien sich nur durch Ausbildung eines *Callus* abzuzeichnen:

Schafe 16, 739:
: Massive Callusbrücke auf der einen Seite, unvollständige periostale Callusformation mit teils abgerundeten Ecken auf der Gegenseite.

Schaf 878: Periostale Callusbrücken erst an vereinzelten Stellen durchgebaut, an anderen Stellen abgerundete Fragmentenden.

Gruppe *„1 Platte mit Kompression"*: Charakteristika einer *primären Knochenheilung* fanden wir nur bei einem Schaf:

Schaf 4213: Auf der ganzen Knochencircumferenz schien die Osteotomie durch Spaltheilung im Durchbau begriffen. Resorptionszonen fanden sich nur vereinzelt. Die Callusbildung war mäßig.

Bei einem Schaf waren *noch keine Zeichen einer knöchernen Verbindung* der Fragmentenden eingetreten. Es bestanden aber keine massiven Resorptionszeichen:

Schaf 23: Ein massiver, appositioneller Callus sicherte auf der einen Seite die knöcherne Verbindung der Fragmente, während die Callusbrücke auf der Gegenseite unvollständig war und abgerundete Enden mit dazwischenliegendem fibrösem Gewebe zeigte.

Bei allen übrigen Tieren dieser Gruppe bestanden ausgedehnte *Sequestration* und massive, teils unvollständige Callusbrücken:

Schafe 279, 2665:
: Auf beiden Seiten der Circumferenz sicherte eine massive Callusbrücke die knöcherne Verbindung der Fragmente.

Schaf 1829: Der Brückencallus war nur auf der einen Corticalisseite durchgehend, klaffte aber an anderen Stellen der Circumferenz und zeigte dort abgerundete Enden mit dazwischenliegendem fibrösem Füllgewebe.

Gruppe *„1 Platte ohne Kompression"*: Anzeichen einer *primären Knochenheilung* fanden sich stellenweise bei zwei Schafen:

Schafe 1008, 847:
: Neben dem beginnenden Durchbau vom Typ der Spaltheilung auf der einen Seite der Knochencircumferenz bestand gegenüber eine derart ausgedehnte Sequestration[18], daß die knöcherne Überbrückung dort im wesentlichen durch den Callus gesichert wurde.

Bei den übrigen Tieren war die Osteotomiezone auf beiden Seiten *sequestriert*. Eine knöcherne Verbindung der Fragmente schien sich nur durch Bildung von *Callus* abzuzeichnen:

Schafe 21, 24, 4214:
: Auf beiden Seiten der Knochencircumferenz sicherte eine durchgehende Callusbrücke die knöcherne Verbindung der zwei Hauptfragmente. Dieser Durchbau erfolgte in der fünften bis achten Woche.

Schaf 785: Der Callus war zwar sehr massiv, überbrückte die Osteotomie aber auf keinem Schnitt.

---

[18] Deshalb im folgenden nicht mehr zu den Tieren mit Durchbau vom Typ der Primärheilung gerechnet.

4. Diskussion

Die Behandlung der infizierten Osteosynthese verfolgt zwei Ziele: Heilung der Fraktur und Sanierung des Infektes. Diese Zielsetzung führt oft zu widersprüchlichen Forderungen: die Behandlung des Infektes durch Entfernung des Osteosynthesematerials kompromittiert die Knochenheilung. Die Behandlung des Knochenbruchs unter Belassung von Osteosynthesematerial oder gar Reosteosynthese erkauft die knöcherne Heilung mit dem Nachteil, daß der Infekt während der Verweildauer der Implantate nur selten zur Ausheilung kommt[45]. Da auf lange Sicht beide Behandlungsmethoden zur Sanierung des Infektes führen, kommt in bezug auf die therapeutischen Maßnahmen der Knochenbruchheilung das Primat zu. Wie bei der Heilung nicht-infizierter Knochenbrüche dürfte die biologische Reaktion des Knochens auf mechanische Einflüsse auch beim Infekt eine wesentliche Rolle spielen[79]. Aus diesem Grunde sind am vorliegenden tierexperimentellen Modell besonders die Einflüsse des Lokalinfektes auf die Biomechanik der Frakturheilung untersucht worden.

Vorerst stellt sich die Frage, inwiefern Infektverlauf und Mechanik des verwendeten Versuchsmodells mit der klinischen Situation vergleichbar sind. Auffallende Ähnlichkeit zur menschlichen Osteitis zeigt der morphologische und zeitliche Ablauf des *Knocheninfektes*, obwohl die Staphylokokken meist eine deutliche Species-Spezifität aufweisen [59]. Gewisse Unterschiede ergeben sich daraus, daß die Infektion der Tiere — vor allem zur Wahrung der Asepsis innerhalb unseres Operationstraktes und zur Sicherung der Wundheilung — erst eine Woche postoperativ vorgenommen wurde[32].

Dies nahmen wir in Kauf, da es nicht darum ging, den Krankheitsverlauf beim Menschen in allen Einzelheiten zu imitieren, sondern viel eher die Auswirkungen des einmal entstandenen Knocheninfektes zu verfolgen. Einen über acht Wochen dauernden Knocheninfekt konnten wir bei allen Schafen nachweisen: anläßlich der bakteriologischen Verlaufskontrollen ließen sich wiederholt Erreger züchten und im histologischen Präparat Bakterien und Entzündungszellen in unmittelbarer Nähe der Osteotomie finden. Gewisse methodische Unterschiede innerhalb des Experimentes (Bakterienpassagen s. S. 14f und Reinfektion s. S. 23ff) könnten neben der individuell variablen Infektabwehr der Tiere zur Resultatstreuung beigetragen haben.

In bezug auf die *Mechanik* stellt die einfache und gut reproduzierbare Querosteotomie ein vereinfachtes Frakturmodell dar. Sie ergibt gegenüber einer vergleichbaren Fraktur wohl einen größeren Anteil Kontaktzonen, sie ist jedoch infolge der glatten Oberfläche der Fragmente schwieriger zu stabilisieren. In früheren Versuchen[99, 84] sind aber an der Osteotomie die gleichen grundsätzlichen Heilungsvorgänge wie bei der Fraktur nachgewiesen worden. Die Fixation der Osteotomie-Fragmente mit einer „schmalen" Platte, wie sie an der menschlichen Tibia meist verwendet wird, ist für uneingeschränkte Belastung im Tierexperiment ungenügend; wir haben deshalb überwiegend Doppelplatten benützt. Weil in der Klinik bei Schaftfrakturen dieses Vorgehen nicht mehr üblich ist, haben wir bei weiteren Tieren nur eine einzige, allerdings „breite" Platte verwendet. Die Unterteilung in eine Gruppe mit interfragmentärer Kompression und eine solche ohne Druckwirkung hatte zum Ziel, ähnliche Bedingungen zu erzeugen, wie sie der Chirurg gelegentlich schafft: hin und wieder verzichtet der Operator bewußt auf Kompression durch die Platte oder er kann sie, wie von GALEAZZI[28] nachgewiesen wurde, einmal nicht erreichen. Das verwendete Versuchsmodell ahmt damit die Spielbreite der in der Klinik erreichten Stabilisation nach.

An der unteren Grenze der *Stabilität* untersuchten wir den Einfluß des Lokalinfektes auf die Frakturheilung bei Verzicht auf interfragmentäre Kompression und unter Reduktion der Plattendicke. Die Verschmälerung der Platten auf 3 mm erfolgte in Anlehnung an die Versuche von HUTZSCHENREUTER et al.[55], der mit einer 2,52 mm dicken Syntacobenplatte bei nicht-infizierten Osteotomien regelmäßig Resorption an den Fragmentenden und starke Callusbildung nachwies. Wir fanden in der Gruppe ohne Kompression in der ersten postoperativen Woche zwei Frakturen. Diese dürften auf Überlastung des Knochens an der Verankerungsstelle des Implantates beruhen[22]. Bei fehlender interfragmentärer Kompression nimmt die Osteotomie-Ebene an der Kraftübertragung nicht teil und das Implantat trägt die volle funktionelle Last. Es kann somit leichter ein Bruch oder Ausriß des Implantates resultieren, wie sie in der Klinik beobachtet werden können, oder eine Fraktur des Knochens an der Stelle der Implantatverankerung wie im vorliegenden Experiment. Die Instabilität hielt offensichtlich in der Gruppe „1 Platte ohne Kompression" — wohl wegen der früher einsetzenden und ausgeprägteren Callusbildung beim Lokalinfekt — gegenüber jener der Gruppe „1 Platte mit Kompression" zuwenig lang an, um einen deutlichen Unterschied in bezug auf die Knochenheilung oder den Infektablauf bewirken zu können. Deshalb werden im weiteren diese beiden Gruppen gemeinsam besprochen. Die durch zwei Platten fixierten Osteotomien heilten trotz Infekt teils sogar unter dem histologischen Bild der Primärheilung. In dieser Gruppe war die Häufigkeit des Primärheilungs-Typus signifikant größer als in den Gruppen mit nur einer Platte (vier von acht gegenüber einem von elf; $\chi^2 = 4.00$, $P < 0.05$).

Der Vorteil guter Stabilisierung überwiegt offensichtlich die möglichen Nachteile massiver Implantation auf das Infektgeschehen. Für die klinische Behandlung infizierter (z.B. offener) Frakturen ergibt sich damit ein eindeutiges Primat der optimalen Stabilisierung, unbesehen der hierzu „im Minimum" erforderlichen Implantatmenge. Es wäre aber unseres Erachtens unzulässig, aus den vorliegenden Experimenten die Schlußfolgerung zu ziehen, daß in der Klinik Doppelplatten bei Infekt vorzuziehen seien; die Belastungssituation ist, wie auf Seite 63 besprochen, nicht vergleichbar. Unklar ist, ob sich diese an Titan-Implantaten erhobenen Befunde auch auf andere Implantatmaterialien übertragen lassen. Titan zeichnet sich durch besonders hohe Korrosionsresistenz[51, 103] und ausgezeichnete Gewebsverträglichkeit [7] aus. Die biomechanischen Nachteile der Doppelverplattung (Stress protection [12]) können aber durch Verwendung des wenig rigiden Titans (Elastizitätsmodul = 11000 kp/mm^2) nur teilweise vermieden werden. Die vorliegenden Resultate werfen die Frage auf, ob durch eine weitere Verbesserung der Stabilität der Anteil von Heilungen des primären Typus erhöht werden kann. Eine Verbesserung der Stabilisierung könnte durch gegenüberliegende Anordnung der Platten erreicht werden, allerdings um den Preis eines größeren Weichteilschadens. Zu prüfen wäre auch der Einfluß ausgeprägterer und anhaltender Instabilität auf die Knochenheilung und den Infektverlauf.

Die in vivo-*Messung* der interfragmentären Kompression ergab zuverlässig Aufschluß über die Stabilität der Osteosynthese. Ihre Resultate stimmen mit jenen der Drehmomentmessung und jenen der Bestimmung der Übertragung dynamischer Kräfte durch die Platten („Gehtest") grundsätzlich überein. Der Vergleich der Druckmessung mit analogen Untersuchungen an nicht-infizierten Osteotomien [84] ergibt einen schnelleren Druckabbau in der ersten Woche (Abb. 63a, b). Dieser könnte dadurch bedingt sein, daß im vorliegenden Experiment die erste Messung sofort nach der Operation und nicht erst nach einigen Stunden durchgeführt wurde. Die beiden Fälle (Schafe 821, 16), die am fünften

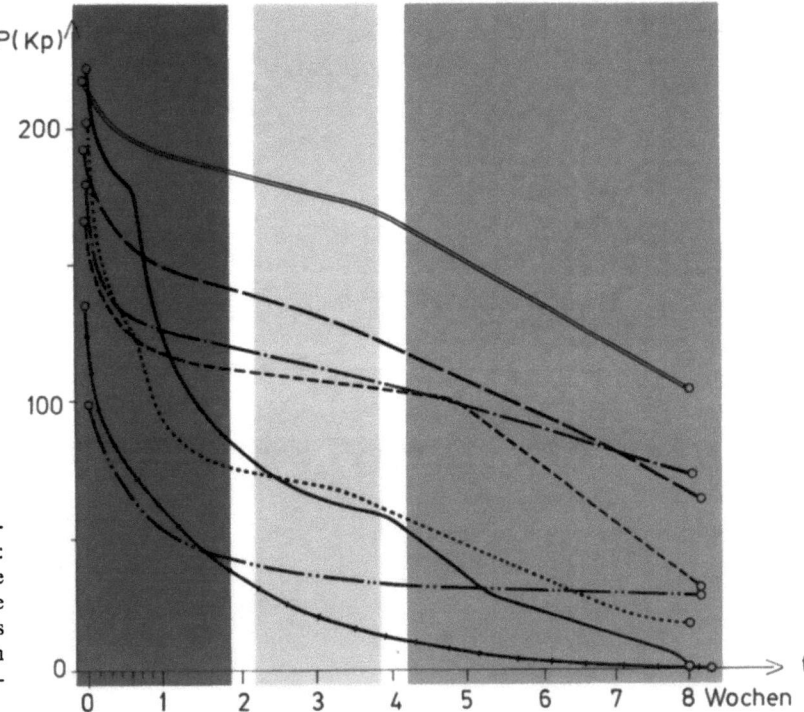

Abb. 63a. Die drei Phasen des Druckverlaufes bei der Heilung infizierten Knochens: Auf den initialen Druckabfall folgt eine Phase langsamer Druckreduktion. Auf diese zweite Phase, die jener nicht-infizierten Knochens gleicht, folgt oft nach der vierten Woche ein für den Infekt spezifischer schnellerer Druckabbau

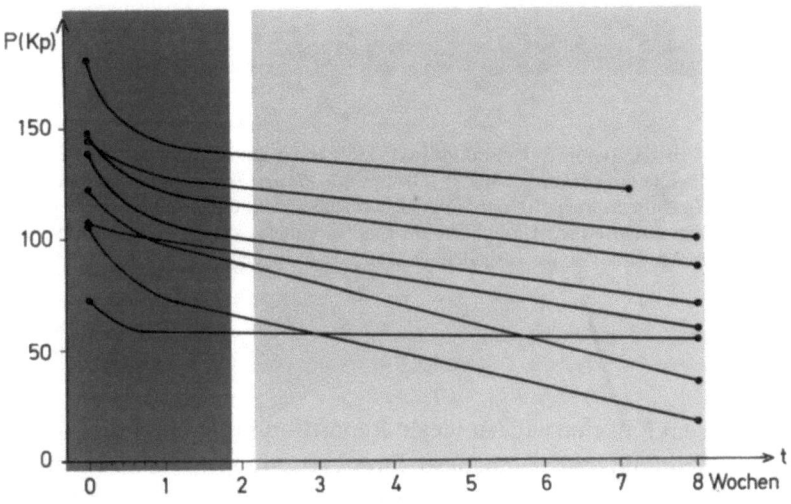

Abb. 63b. Die zwei Phasen des Druckverlaufes bei der Heilung nicht-infizierter Frakturen: Auf einen initialen Druckabfall folgt eine Phase langsamer Druckreduktion, die bis zum Versuchsende anhält. (Aus PERREN et al. [84])

Tag einen plötzlichen erneuten Druckabfall erlitten, hatten hohe initiale Druckwerte. Wir führen diese Verminderung des Druckes auf lokalisierte Überlast unter der kombinierten Belastung durch hohe Vorspannung (220+200 kp) und zusätzliche funktionelle Last zurück.

Lokale Überlastungszonen [89] sind in beiden Fällen auf den Mikroradiographien sichtbar (s.S. 45, Abb. 37). Bei einem dritten Fall (2287) mit über 200 kp Kompression fehlen lokale Überlastungszonen und früher, zweiter Druckabfall. Die Mikroradiographie zeigt, daß in die-

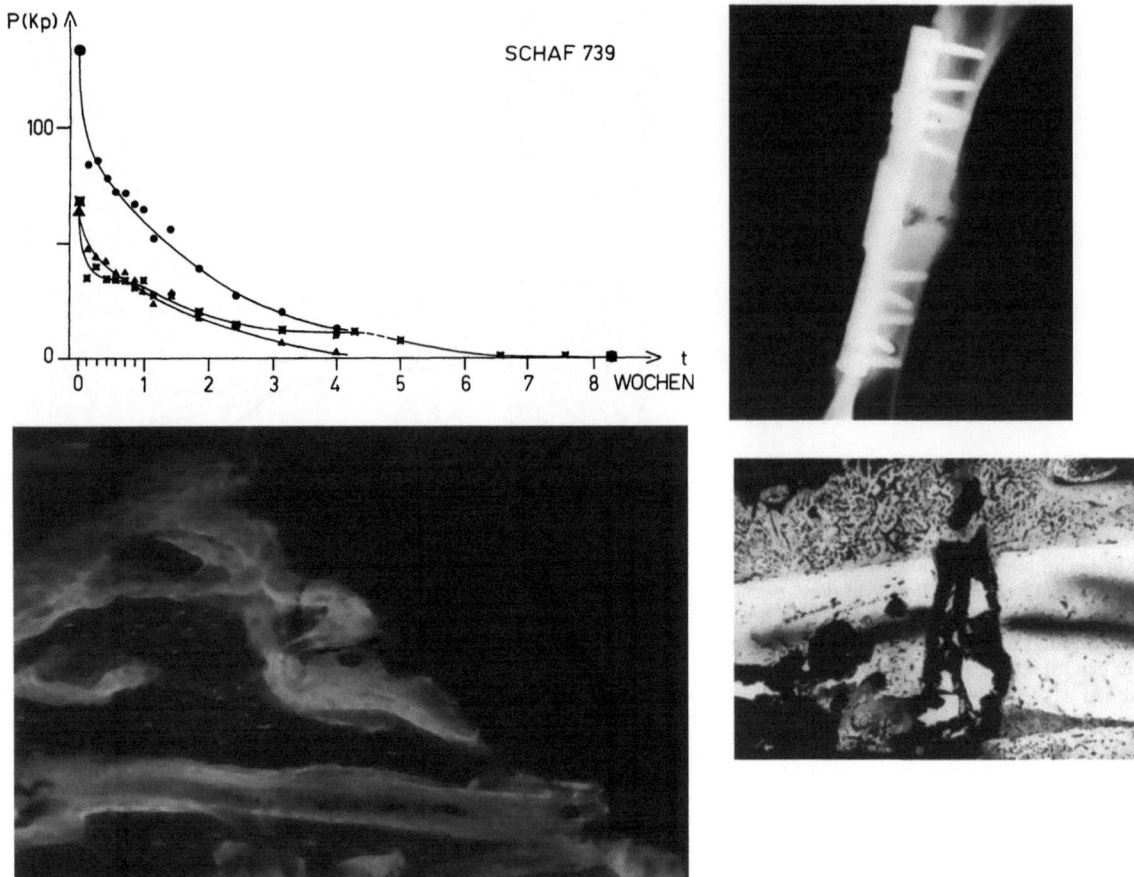

Abb. 64. Synopsis: Charakteristika der sekundären Heilung bei Infekt. Biomechanische und biologische Aspekte der Knochenheilung beim Schaf 739 (Gruppe „*2 Platten mit Kompression und Druckmessung*"): Der Druck zeigt einen frühen Zusammenbruch. Ab der 5. Versuchswoche scheint die Stabilität durch den großen, zum Teil wolkigen Callus gewährleistet. Die Osteotomie ist durch die im Fluorescenzbild sichtbare Resorptionsfront ausgeweitet. Es finden sich in Radio- und Mikroradiographie ausgedehnte Sequesterbildungen

sem Fall eine nahezu ideale Reposition mit zwei Kontaktzonen (günstigste Druckverteilung!) erreicht worden war. Die beobachtete Überlastung der Corticalis weist immerhin auf die Gefahr allzu hoher Kompressionswerte hin, wie sie noch kürzlich von HESS [40] (bis 350 kp) als Vorteil angesprochen wurden.

Der Druckverlauf zwischen der zweiten und vierten Woche ist bei infizierten und nicht-infizierten Osteotomien ähnlich. Er gleicht auch dem Druckverlauf, wie er am intakten Knochen [73] und an Corticalis-Transplantaten [56] nachgewiesen wurde. Die erwähnten Versuche legen die Vermutung nahe, daß der Haverssche Umbau ein wesentlicher Mechanismus bei der Verminderung der angelegten Kompression in der zweiten Phase darstellt; denn durch den Umbau wird vorgespannter Knochen durch solchen ohne Vorspannung ersetzt. Die Beziehung zwischen Knochenumbau und Druckverminderung dürfte in den Versuchen von HUTZSCHENREUTER [56] wohl am klarsten erkennbar sein (autogenes Transplantat 59,5% Druckverminderung bei 48,6% Umbau, deproteinisiertes allogenes Transplantat 39,2% Druckverminderung bei 31,2% Umbau). In unseren Experimenten ist die

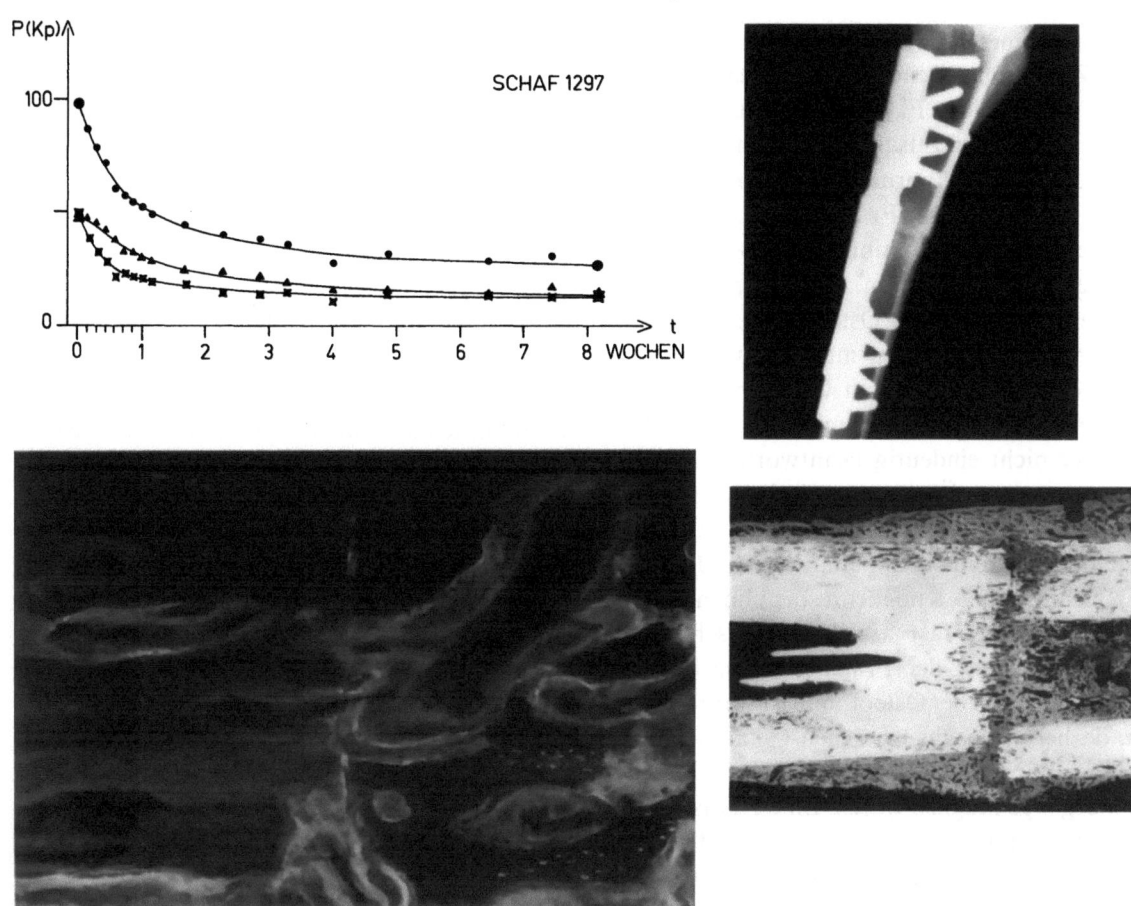

Abb. 65. Synopsis: Charakteristika der primären Heilung bei Infekt. Biomechanische und biologische Aspekte der Knochenheilung beim Schaf 1297 (Gruppe „*2 Platten mit Kompression und Druckmessung*"): Der Druck bleibt bis zum Versuchsende wirksam, keine Zeichen eines rascheren terminalen Abfalls; im Vergleich zu nicht-infizierten Osteotomien aber insgesamt schnellerer Abbau. Im Röntgenbild beginnender Durchbau bei geringem Callus. Die Fluorescenzaufnahme der Kontaktzone zeigt Osteone, die direkt kreuzen, neben vereinzelt aufgeweiteten Kanälen. Auf der Mikroradiographie sind Kontakt- und Spaltzone in Heilung. Noch geringes Remodeling und aufgefüllte „Goccie di cera"

Umbautätigkeit im Gebiete der Osteotomie gering. MATTER et al. [72] haben jedoch gezeigt, daß schon sehr früh nach der Osteosynthese mit einem ausgedehnten Knochenumbau in der Umgebung der Schraube zu rechnen ist.

In Ergänzung zu den Befunden an nicht-infizierten Osteotomien zeigen unsere Versuche, daß neben dem Haversschen Umbau auch andere Prozesse an der Druckverminderung beteiligt sein können: die rasche Druckverminderung, wie sie beim Infekt in der dritten Phase auftreten kann, geht mit ausgedehnten resorptiven Prozessen einher (Abb. 64). Andrerseits zeigen jene Tiere, die einen stabilen Druckverlauf bei mittleren bis hohen Druckwerten aufweisen, das Bild der Primärheilung (Abb. 65). Damit ist die Art der Knochenheilung nachgewiesenermaßen abhängig von der Stabilität der Fixation, wobei offenbleibt, weshalb die Stabilität innerhalb der gleichen Gruppe einen unterschiedlichen Verlauf nimmt.

Insgesamt hat die Druckmessung an infizierten Osteosynthesen keine Hinweise für druckbedingte *Knochennekrosen* [58] ergeben, da die Resorptionsprozesse keinen Zusammenhang mit den Druckzonen erkennen ließen. Im Bereich der Osteotomie fanden sich mehrfach lokalisierte Zonen plastischer Knochenverformung, die durch ungleiche Flächenpressung ausgelöst erscheinen [89]. Im Zusammenhang mit den beobachteten Sequestrierungen ganzer Osteotomiezonen stellt sich die Frage, warum die kugelförmigen Knochenarrosionen, die zur Auslösung der Sequester führen, vorwiegend in einer gewissen Distanz zur Osteotomie auftreten. Diese Angriffsorte zeigen interessanterweise in Fällen ohne Resorption im Osteotomiebereich einen intensiven Knochenumbau. Es ist denkbar, aber nicht eindeutig beantwortet, daß die Resorptionen am Übergang zwischen vascularisiertem Cortex und devascularisiertem Fragmentende angreifen. Erstaunlich ist, daß die oberflächlichen Knochenresorptionen die Osteotomieenden fast „selektiv" verschonen. Eine Veränderung der Fragmentfläche im Zusammenhang mit der Osteotomie ist wahrscheinlich, da bei der nachgewiesenen Gefäßdichte in der Umgebung der Osteotomie eigentlich resorptive Vorgänge möglich wären. Eine Revascularisation der Sequester [109] war auffallend selten. Sie fand sich nur in jenen Fällen, in denen der Sequester offensichtlich an einer Callusbrücke, die erst später unterbrochen wurde, verankert war. Unsere Beobachtungen bestätigen damit die Annahme von Hicks [42], daß in der Regel an den Sequestern keine Callusbrücke besteht, zeigen aber gleichzeitig, daß ein derartiger Prozeß nicht grundsätzlich ausgeschlossen ist.

Neben dem Druckverlauf war das Resultat der *Drehmomentmessung* der zweite Parameter zur Beurteilung der Kraftschlüssigkeit der Implantate. Die Drehmomente (M) stehen in direkter Beziehung zur wirkenden Querkompression (N) [5] und diese wiederum zur Reibung (R) zwischen Platte und Knochenoberfläche [37]. Es war deshalb interessant, anhand der Drehmomente die Kräfte zu analysieren, die zu Versuchsende in der Längsachse zwischen Platte und Knochen aufgrund von Reibung übertragen werden können. Die Zusammenhänge zwischen Normalkraft und Drehmoment lassen sich nach folgender Formel berechnen [73]:

$$N = (M_x - M_0) \cdot K$$

N = Normalkraft (in Schraubenlängsachse).
M_x = angewandtes Drehmoment.
M_0 = Drehmoment zur Überwindung der Reibung, solange noch keine Schraubenlängskraft wirkt.
K = Konstante nach von Arx [5] = 7,2 cm^{-1}.

In der Technik der Laschenverbindung spielt die Reibung als Element der Kraftübertragung eine grundlegende Rolle. In unseren Versuchen entsteht die Reibung an der Kontaktfläche zwischen Platte und Knochenoberfläche infolge des Anpressdruckes der Schrauben [5], wobei als Reibungskoeffizient 0,38 eingesetzt werden kann [37]. Die Zusammenhänge zwischen Reibung und Normalkraft berechnen sich nach der Formel:

$$R = \mu \cdot N$$

R = maximal mögliche Reibung bei Längsverschiebung der Platte auf der Knochenoberfläche.
μ = statischer Reibungskoeffizient nach Hayes et al. [37] = 0,38.

In dieser Formel haben wir die Normalkraft berechnet nach:

$$N = \frac{(L-4)+(A-2)}{2} \cdot K$$

Mit (L-4) berücksichtigen wir die größere Reibung zwischen Schraubenkopf und Plattenloch, während mit (A-2) die kleinere Reibung zwischen Knochen und Schraube ausgedrückt wird. Zu Versuchsbeginn waren 3 cm·kp Moment (M_0) [73] notwendig zur Überwindung der Schrauben-Knochenreibung. Bei der Prüfung der initial möglichen Reibung ergibt sich im schlechtesten Fall (10–3)·7,2 = 50 kp pro Schraube des einen Plattenendes, meist aber ($\geq 20-3$)·7,2 $\geq$ 120 kp. Am Versuchsende wäre in allen Fällen, außer beim Schaf 1297, noch genügend Reibung für die beobachtete Kraftübertragung vorhanden gewesen, was unseres Erachtens die Bedeutung der Reibung als möglicher Übertragungsmechanismus für Schubkräfte zwischen Platten und Knochen unterstreicht.

Zusätzlich zur Untersuchung der statischen Kraftkomponenten (Druckmessung und Drehmoment) untersuchten wir die dynamische Zusatzlast durch Simultanregistrierung der Druckveränderung beim „*Gehtest*". Unter Berücksichtigung der Tatsache, daß Mikrobewegungen auftreten, sofern die dynamische Zusatzlast größer wird als die statische Vorlast [106, 85], interessiert, daß bei zwei Schafen (739 und 16) keine statische Vorlast mehr vorhanden war. Wo dieser Zustand drei Wochen gedauert hatte (Schaf 739), war das Implantat gelockert. Bei den zwei Schafen mit Druckabfall und Implantatlockerung war die Bakteriologie und der klinische Infekt vor Druckverlust und nach Implantatlockerung gegenüber jenen anderer Tiere unauffällig.

Die Gegenüberstellung von klinischer *Radiologie*, Mikroradiographie und Histologie zeigte, daß die röntgenologische Beurteilung der Frakturspaltgröße in jedem Fall zutraf; die Beurteilung des Ausmaßes am Callus stimmte bei 18 von 19 Schafen. In zwei von 14 Fällen wurden Sequester übersehen, in drei Fällen leicht unterschätzt. Die Diagnose osteolytischer Prozesse war grundsätzlich richtig, wobei in je drei Fällen leicht über- oder unterschätzt wurde. Werden aber besonders kontrastreiche Röntgenaufnahmen angefertigt und der Knochen — in einer für den Kliniker ungewohnten Weise — ohne Weichteilmantel aufgenommen, so kann eine radiologisch fehlende Heilung vorgetäuscht werden. Dennoch möchten wir nicht so weit gehen wie GEISER [31], der 1963 noch feststellte, „daß die röntgenologische Verfolgung der Callusbildung eine recht dürftige Ausbeute ergeben muß". Wir finden bei Gegenüberstellung von Röntgenbefund und Histologie im allgemeinen eine gute Korrelation in bezug auf Häufigkeit, Zeitpunkt und Ausmaß der Befunde.

5. Zusammenfassung und Schlußfolgerung

Das Resultat der operativen Frakturbehandlung wird durch die Infektion in Frage gestellt. Zum Studium der Frakturheilung bei Lokalinfekten sind am Schaf quere Tibiaosteotomien angelegt und durch unterschiedliche Plattenosteosynthesen fixiert worden. Hierauf injizierten wir lokal humanpathogene Staphylokokken und erzeugten so einen chronisch verlaufenden Infekt mit Fistelbildung, Knochensequestrierung, Osteolyse und Callusbildung, ähnlich wie bei der Osteitis des Menschen. Nach acht Wochen waren 18 von 19 Osteotomien knöchern überbrückt, teils sogar nach dem Muster der primären Frakturheilung. In vivo-Messungen der interfragmentären Kompression zeigten in der Hälfte der Fälle Abweichung vom bisher bekannten Druckverlauf nicht-infizierter Osteotomien: zwischen der vierten und achten Woche setzte eine raschere Druckabnahme ein. Diese Fälle gingen mit Resorption und Sequesterbildung einher. Die Druckmessung wies auf eine enge Korrelation zwischen Stabilität der Fixation und der Art der Knochenheilung hin.

Wir schließen aus den vorliegenden Experimenten:

1. Das vorliegende Modell eignet sich zum Studium des Infektablaufs und der Knochenheilung einer infizierten Osteosynthese.

2. Eine stabile Verbindung zwischen den Fragmenten kann für die Frakturheilung günstige Voraussetzungen bieten. Deshalb ist es von Vorteil, stabilisierendes Implantatmaterial beim Infekt zu belassen oder eine stabilere Reosteosynthese durchzuführen.

3. Die Primärheilung ist beim Infekt erstrebenswert, da sie ohne Sequesterbildung einhergeht.

4. Die Vorteile der stabilisierenden Wirkung der Implantate überwiegt die Nachteile ihrer Fremdkörperwirkung.

5. Das Erscheinen von Callus nach Osteosynthese und Infekt ist nicht notwendigerweise ein Zeichen von Instabilität. Dem Callus kommt hier vielmehr eine wesentliche Bedeutung für die Knochenheilung zu.

Nachwort

Wir möchten all jenen danken, die durch ihre Hilfe und Anregungen zu dieser Arbeit beigetragen haben:

PD. Dr. P. MATTER, Dr. A. RÖSLI und Dr. D. SUNARIČ haben uns wichtige Ratschläge gegeben.

Unser Dank gilt vor allem J. SCHMID für die Hilfe bei der Durchführung der Experimente und der bakteriologischen Untersuchungen, V. JÖRG für die Herstellung des Manuskriptes und M. BELLASI für die fotografische Dokumentation. R. DAMLUND, E. KÜNG und K. NATER verdanken wir die Aufarbeitung der histologischen Präparate. Weitere wichtige Hilfe leisteten:

U. AEBERHARD, V. BUCHER, J. CORDEY, M. DIVIS, T. GEISER, P. HALL, M. KLEBL, U. MATZNER, R. MOOR, E. OMERBEGOVIČ, DR. B. RAHN, E. RAMPOLDI. K. OBERLI trug durch seine Zeichnungen zur Ausstattung der Arbeit bei.

Davos, den 31.7.1973   W.W. Rittmann
                        S.M. Perren

Literatur

1. AEBERHARD, H.: Der Einfluß der Plattenüberbiegung auf die Torsionsstabilität der Osteosynthese. Bern: Med. Diss. (1973).
2. ALLGOEWER, M., PERREN, S., MATTER, P.: A new plate for internal fixation, the Dynamic Compression Plate (DCP). Injury 2, 40 (1970).
3. ALLGOEWER, M.: Weichteilprobleme und Infektionsrisiko der Osteosynthese. Arch. klin. Chir. 329, 1128 (1971).
4. ANDERSON, L.D.: Compression plate fixation and the effect of different types of internal fixation on fracture healing. J. Bone Jt Surg. 47-A, 191 (1965).
5. VON ARX, C.: Schubübertragung durch Reibung bei Plattenosteosynthesen. Basel: Med. Diss. (1973).
6. BAGBY, G.W., JANES, J.M.: The effect of compression on the rate of fracture healing using a special plate. Amer. J. Surg. 95, 761 (1958).
7. BECHTOL, C.O., FERGUSON, A.B., LAING, P.G.: Metals and engineering in bone and joint surgery. Baltimore: Williams & Wilkins 1959.
8. BEDACHT, R., FREY, K.-W., METZ, H., SCHAUER, A.: Vergleichende tierexperimentelle Untersuchungen mit autologen und heterologen Implantaten im Tibiaknochen beim Kaninchen. Ärztl. Forsch. 26, 47 (1972).
9. BILLROTH, zit. nach LUNDSGAARD-HANSEN, P.: Antibiotica in der Chirurgie. Aktuelle Probleme in der Chirurgie, vol. 9, p. 82 Bern/Stuttgart: Huber 1968.
10. BLAIR, J.E., WILLIAMS, R.E.O.: Phage typing of Staphylococci. Bull. Org. mond. Santé 24, 771 (1961).
11. BOESENBERG, H.: Osteomyelitis, Erreger und Krankheitsbild. Hippokrates 38, 460 (1967).
12. BRENNWALD, J., PERREN, S.M.: Bestimmung der Knochendehnung in vitro und in vivo nach Plattenosteosynthese. Arch. klin. Chir. Suppl. Chir. Forum 39 (1972).
13. BURKHARDT, R.: Farbatlas der klinischen Histopathologie von Knochenmark und Knochen. Berlin/Heidelberg/New York: Springer 1970.
14. BURRI, C.: Posttraumatische Osteitis. Bern/Stuttgart/Wien: Huber 1974.
15. CHARKES, N.D., SKLAROFF, D.M.: Early diagnosis of metastatic bone cancer by photoscanning with strontium[85]. J. nucl. Med. 5, 168 (1964).
16. CHARNLEY, J.: Compression arthrodesis. London: Livingstone 1953.
17. DANIS, R.: Théorie et pratique de l'ostéosynthèse. Paris: Masson 1947.
18. DECOULX, P.: L'infection opératoire en orthopédie. Les conditions de l'intervention. Rev. Chir. orthop. 55, 194 (1969).
19. DEHNE, E., DEFFER, P.A., HALL, R.M., BROWN, P.W., JOHNSON, E.V.: The natural history of the fractured tibia. Surg. Clin. N. Amer. 41, 1, 495 (1961).
20. DILMAGHANI, A., CLOSE, J.R., RHINELANDER, F.W.: A method for closed irrigation and suction therapy in deep wound infections. J. Bone Jt Surg. 51-A, 323 (1969).
21. DOMBROWSKI, E.T., DUNN, A.W.: Treatment of osteomyelitis by debridement and closed wound irrigation-suction. Clin. Orthop. 43, 215 (1965).
22. DWYER, N.: The protective influence of compression used in internal fixation on recently osteotomized rabbit tibiae. Injury 2, 22 (1970).
23. EDWARDS, P.: The effect of crush injury to the skin on the healing fracture of the shaft of the tibia in dogs. Acta orthop. scand. 36, 89 (1964).
24. ELLIS, H.: A study of some factors affecting prognosis following tibial shaft fractures. Oxford: Thesis. (1956).
25. FEISCHL, P.: Mischinfektion und bakteriologische Resistenzprobleme bei der posttraumatischen Osteomyelitis. In: HIERHOLZER, G., REHN, J.: Die posttraumatische Osteomyelitis, Stuttgart/New York: Schattauer 1970.
26. FLACH, K.: Die posttraumatische Osteomyelitis im Röntgenbild. In: Therapie der posttraumatischen Osteomyelitis. Schriftenreihe Unfallmedizinische Tagungen der Landesverbände der gewerblichen Berufsgenossenschaften 10, 23 (1970).
27. FOGELBERG, E.V., ZITZMANN, E.K., STINCHFIELD, F.E.: Prophylactic penicillin on orthopaedic surgery. J. Bone Jt Surg. 52-A, 95 (1970).
28. GALEAZZI, G.: Experimentelle Untersuchungen zur intraoperativen Druckveränderung bei der Plattenosteosynthese. Basel: Med. Diss. (1972).
29. GALLINARO, P., PERREN, S., CROVA, M., RAHN, B.: La osteosintesi con placca a compressione. In: ROASENDA, F., LORENZI, G.L.: Moderni orientamenti nelle osteosintesi delle fratture diafisarie. 54. Congr. SIOT, Roma (1969).
30. GALLINARO, P., RAHN, B.A., FILOGAMO, G.: The effect of compression in internal fixation of transverse osteotomies in rabbits. Europ. Surg. Res. 1, 171 (1969).
31. GEISER, M.: Beiträge zur Biologie der Knochenbruchheilung. Stuttgart: Enke 1963.
32. GIERHAKE, F.W.: Postoperative Wundheilungsstörungen. Berlin/Heidelberg/New York: Springer 1970.
33. GREEN, M., NYHAN, W.L., and FOUSEK, M.D.: Acute hematogenous osteomyelitis. Pediatrics 17, 368 (1956).
34. GRUNDMANN, G.: Experimentelle Untersuchungen zur Pathogenese der Osteomyelitis. Arch. klin. Chir. 277, 117 (1953).

35. HAMPTON, O. P., FITTS, W. T. JNR.: The open reduction of common fractures. New York/London: Grune and Stratton 1959.
36. HAYASHI, I., YANAGIBASHI, H.: Effects of injuries on the development of myelitis; a study of experimental myelitis. (jap.). Orthop. Surg. 21, 231 (1970).
37. HAYES, W. C., PERREN, S. M.: Plate-bone friction in the compression fixation of fractures. Clin. Orthop. 89, 236 (1972).
38. HERTEL, E., JANI, L.: Probleme der Frakturheilung bei der Osteomyelitis. Beitr. Orthop. 15, 2 (1958).
39. HERTEL, E., ALBRECHT, R.: Die Dauerspüldrainage, Probleme und Erfahrungen bei der Behandlung sekundärchronischer Osteomyelitiden. Z. Orthop. 104, 260 (1968).
40. HESS, H.: Die Spannungskräfte der Druckplattenosteosynthese. In: OTTE, P., SCHLEGEL, K. F.: Bücherei des Orthopäden, vol. 9, Stuttgart: Enke 1972.
41. HICKS, J. H.: The relationship between metal and infection. Proc. roy. Soc. Med. 50, 842 (1957).
42. HICKS, J. H.: Non-union of fractures. Lancet 1963 I, 86.
43. HICKS, J. H.: Amputation in fractures of the tibia. J. Bone Jt Surg. 46-B, 388 (1964).
44. HICKS, J. H.: The treatment of chronic sepsis in fractures. J. Bone Jt Surg. 47-B, 584 (1965).
45. HICKS, J. H.: Sepsis in fractures. In: LONDON, P. S.: Modern trends in accident surgery and medicine 2. London: Butterworth 1970.
46. HIERHOLZER, G., KNOTHE, H., REHN, J., KOCH, F.: Fusidinsäure-Konzentrationen in chronisch entzündlichem Gewebe. Arzneimittelforsch. 16, 1549 (1966).
47. HIERHOLZER, G., REHN, J.: Zur Indikation einer zusätzlichen antibiotischen Therapie bei der chronischen Knocheninfektion. Tagung der mittelrheinischen Chirurgenvereinigung, Homburg (1966).
48. HIERHOLZER, G., REHN, J., KOCH, F., GATOS, M.: Untersuchungen zur chronischen Osteomyelitis, 1. Beeinflussung des Keimwachstums in chronisch entzündetem Knochengewebe durch Antibiotika. Bruns Beitr. klin. Chir. 215, 376 (1967).
49. HIERHOLZER, G.: Klinisch-experimentelle Untersuchungen zur Therapie der chron. Osteomyelitis mit einem Steroidantibioticum. In: Therapie der posttraumatischen Osteomyelitis. Schriftenreihe Unfallmedizinischer Tagungen der Landesverbände der gewerblichen Berufsgenossenschaften, 10, 81 (1970).
50. HIERHOLZER, G., REHN, J.: Die posttraumatische Osteomyelitis. Stuttgart/New York: Schattauer 1970.
51. HOAR, T. P., MEARS, D.: Corrosion-resistant alloys in chloride solutions: materials for surgical implants. Proc. roy. Soc. A. 239, 486 (1966).
52. HOLDERMAN, W. D.: Results following conservative treatment of fractures of the tibial shaft. Amer. J. Surg. 98, 593 (1959).
53. HUENER, H., SCHICKER, H., DOLLMANN, R.: Möglichkeiten, Grenzen und Gefahren der modernen Therapie der akuten haematogenen Osteomyelitis. Chirurg 33, 405 (1962).
54. HUNTER, J.: Lectures on the principles of surgery from the works of John Hunter. Ed. by JAMES F. PALMER, London: Longman 1835.
55. HUTZSCHENREUTER, P., PERREN, S. M., STEINEMANN, S., GERET, V., KLEBL, M.: Some effects of rigidity of internal fixation on the healing pattern of osteotomies. Injury 1, 77 (1969).
56. HUTZSCHENREUTER, P.: Beschleunigte Einheilung von allogenen Knochentransplantaten durch Praesensibilisierung des Empfängers und stabile Osteosynthese. Arch. klin. Chir. 331, 321 (1972).
57. JANTKE, W., WENTA, H.: Chemotherapeutische Frühbehandlung und Prophylaxe in der Unfallchirurgie. Münch. med. Wschr. 12, 662 (1969).
58. JORES, L.: Experimentelle Untersuchungen über die Einwirkung mechanischen Druckes auf den Knochen. Beitr. path. Anat. 66, 433 (1920).
59. ISRAEL, L.: Staphylococci in animals: differentiation and relationship to human Staphylococcosis In: COHEN, J.O.: The Staphylococci, Library of Congress Cataloging. in Publication Data. New York/London/Sydney/Toronto: Wiley 1972.
60. KALLENBERGER, A., ROTH, W., LEDERMANN, M.: Experimentelle bakteriologische Untersuchungen zur Wahl des Spülmittels für die antibakterielle Spüldrainage. In: HIERHOLZER, G., REHN, J.: Die posttraumatische Osteomyelitis, Stuttgart/New York: Schattauer 1970.
61. KEY, J. A.: Positive pressure in arthrodesis for tuberculosis of the knee joint. Sth med. J. 25, 909 (1932).
62. KOCHER, T.: Zur Ätiologie der akuten Entzündung. Arch. klin. Chir. 23, 101 (1878).
63. KUNER, E., HOUSCHYAR, K., WEYAND, F.: Das Osteomyelitisproblem im Wandel der Prophylaxe und Therapie. Bruns Beitr. klin. Chir. 219, 46 (1971).
64. LANE, W. A.: zitiert nach HICKS [41].
65. LENNERT, K.: Grundprobleme der Osteomyelitis. Verh. dtsch. orthop. Ges. Z. Orthop. Suppl. 100, 27 (1965).
66. LEXER, E.: Die freien Transplantationen. In: Neue deutsche Chirurgie, vol. 26, Stuttgart: Enke 1924.
67. LINZENMEIER, G., SCHAEFER, P., VOLK, H., GATOS, M.: Bestimmung der Konzentration von Lincomycin in chronisch entzündetem Knochen- und Weichteilgewebe des Menschen. Arzneimittelforsch. 18, 204 (1968).
68. LINZENMEIER, G.: Bakteriologische Probleme der posttraumatischen Osteomyelitis. In: HIERHOLZER, G., REHN, J.: Die posttraumatische Osteomyelitis, Stuttgart/New York: Schattauer 1970.
69. LISTER, J.: On a new method of treating compound fracture, abscess etc. Lancet 1867 I, 326.
70. LUBEGINA, Z.: Bone tissue regeneration under conditions of chronic infection, (Rus.) Ortop. travm. Protez 27, 17 (1966).
71. LUEDEKE, H., SCHWEIBERER, L.: Entzündliche Erkrankungen des Knochens und der Gelenke. Chirurg 41, 204 (1970).
72. MATTER, P., BRENNWALD, J., RUETER, A., PERREN, S. M.: Die knöcherne Heilung von Schraubenlöchern nach Metallentfernung. Z. Orthop. 110, 920 (1972).
73. MATTER, P.: Knochenumbau bei der Druckplattenosteosynthese; Habilitationsschrift (1973).
74. MATTER, P., RITTMANN, W. W.: In Bearbeitung.
75. MECSEKI, L., KOSIK, G., HERICS, I.: Die primäre Osteosynthese bei offenen Unterschenkelbrüchen. Beitr. Orthop. 16, 201 (1969).
76. MITTELMEIER, H.: Zur Entstehung und Bedeutung der exogenen Osteomyelitis. In: HIERHOLZER, G., REHN, J.: Die posttraumatische Osteomyelitis, Stuttgart/New York: Schattauer 1970.
77. MOE, J. H.: Prevention and treatment of infections in bone. J. Lancet 79, 2 (1959).

78. MÜLLER, H.J.: Äußere Fixation bei posttraumatischer Osteomyelitis, Indikation, Technik, Ergebnisse, Weiterversorgung. In: Therapie der posttraumatischen Osteomyelitis. Schriftenreihe Unfallmedizinische Tagungen der Landesverbände der gewerblichen Berufsgenossenschaften, **10**, 81 (1970).
79. MÜLLER, M.E., ALLGÖWER, M., WILLENEGGER, H.: Manual der Osteosynthese (AO-Technik). Berlin/Heidelberg/New York: Springer 1969.
80. NORDEN, C.W.: Experimental osteomyelitis. I. A description of the model. J. infect. Dis. **122**, 410 (1970).
81. NORDEN, C.W.: Experimental Osteomyelitis. II. Therapeutic trials and measurement of antibiotic levels in bone. J. infect Dis. **124**, 565 (1971).
82. PAPASTAVROU, N., ECKE, H.: Zur Leistungsfähigkeit der antibakteriellen Spüldrainage. Bruns Beitr. klin. Chir. **218**, 255 (1970).
83. PERREN, S.M., HUGGLER, A., RUSSENBERGER, M., STRAUMANN, F., MÜLLER, M.E., ALLGÖWER, M.: A method of measuring the change in compression applied to living cortical bone. Acta orthop. scand. Suppl. **125**, 7 (1969).
84. PERREN, S.M., RUSSENBERGER, M., STEINEMANN, S., MÜLLER, M.E., ALLGÖWER, M.: A dynamic compression plate. Acta orthop. scand. Suppl. **125**, 29 (1969).
85. PERREN, S.M., GANZ, R., RÜTER, A.: Mechanical induction of bone resorption. 4th Int. Osteological Symp., Prag 1972.
86. POPKIROV, S.: Die Behandlung der haematogenen und traumatischen Osteomyelitis. Berlin: VEB, Volk und Gesundheit 1971.
87. RAHN, B.A., PERREN, S.M.: Calcein blue as a fluorescent label in bone. Experientia **26**, 519 (1970).
88. RAHN, B.A., PERREN, S.M.: Xylenol orange, a fluorochrome useful in polychrome sequential labeling of calcifying tissues. Stain Technol. **46**, 125 (1971).
89. RAHN, B.A., GALLINARO, P., SCHENK, R.K., BALTENSPERGER, A., PERREN, S.M.: Compression interfragmentaire et surcharge locale de l'os. In: BOITZY's, A.: Périarthrite de l'épaule. Berne/Stuttgart/Vienne: Huber 1972.
90. RAHN, B.A., PERREN, S.M.: Alizarinkomplexon-Fluorochrom zur Markierung von Knochen- und Dentinanbau. Experientia **28**, 180 (1972).
91. REHN, J.: Markphlegmonen nach Marknagelungen. In: HIERHOLZER, G., REHN, J.: Die posttraumatische Osteomyelitis. Stuttgart/New York: Schattauer 1970.
92. REYNOLDS, F.C., ZAEPFEL, F.: Management of chronic osteomyelitis secondary to compound fractures. J. Bone Jt Surg. **30-A**, 331 (1948).
93. RHINELANDER, F.W., BARAGRY, R.A.: Microangiography in bone healing. I. Undisplaced closed fractures. J. Bone Jt Surg. **44-A**, 1273 (1962).
94. RITTMANN, W.W., GRUBER, U.F.: Antibiotica-Prophylaxe in der Chirurgie. Méd. Hyg. **27**, 786 (1969).
95. RITTMANN, W.W., PUSTERLA, C., MATTER, P.: Früh- und Spätinfektionen bei offenen Frakturen. Helv. chir. Acta **36**, 537 (1969).
96. ROWE, C.R., SAKELLARIDES, H.T.: Recent advances in treatment of osteomyelitis following fractures of the long bones. Surg. Clin. N. Amer. **41**, 1593 (1961).
97. ROWLING, D.E.: Experience in the management of chronic osteomyelitis. 5th int. Congr. Chemotherapy, Wien 1967.
98. SCHEMAN, L., LEWIN, P., SIDEMAN, S., JANOTA, M.: Experimental osteomyelitis. Amer. J. Surg. **60**, 371 (1943).
99. SCHENK, R., WILLENEGGER, H.: Zum histologischen Bild der sogenannten Primärheilung der Knochenkompakta nach experimentellen Osteotomien am Hund. Experientia **19**, 593 (1963).
100. SCHENK, R.K.: Zur histologischen Verarbeitung von unentkalktem Knochen. Acta anat. **60**, 3 (1965).
101. SCOTT, J.C.: In: CLARK, J.M.: Modern trends in orthopaedics, 3. London: Butterworths 1962.
102. SIMONIS, G., BRÜHL, P.: Erregermosaik und aktuelle Resistenzsituation bei Verlaufsbeobachtungen der posttraumatischen Osteomyelitis. In: HIERHOLZER, G., REHN, J.: Die posttraumatische Osteomyelitis. Stuttgart/New York: Schattauer 1970.
103. STEINEMANN, S.: persönl. Mitt.
104. STEVENS, D.B.: Postoperative orthopaedic infections. A study of etiological mechanisms. J. Bone Jt Surg. **48-A**, 96 (1964).
105. TSCHERNE, H.: Operative Frakturbehandlung. Arch. klin. Chir. **324**, 348 (1969).
106. WAGNER, H.: Die Einbettung von Metallschrauben im Knochen und die Heilungsvorgänge des Knochengewebes unter dem Einfluß der stabilen Osteosynthese. Arch. klin. Chir. **305**, 28 (1963).
107. WALDVOGEL, F.A., MEDOFF, G., SWARTZ, M.N.: Osteomyelitis, clinical features, therapeutic considerations and unusual aspects. Springfield: Thomas 1971.
108. WATSON-JONES, R.: zit. in HICKS, J.H. [44].
109. WILLENEGGER, H., ROTH, W.: Die antibakterielle Spüldrainage als Behandlungsprinzip bei chirurgischen Infektionen. Dtsch. med. Wschr. **30**, 1485 (1962).
110. WILLENEGGER, H.: Behandlung von Infektionen des oberen Sprunggelenkes nach offenen Brüchen und nach operativer Behandlung geschlossener Brüche. H. Unfallhlk. **92**, 71 (1967).

Sachverzeichnis

Abscess 15, 21, 23, 25, 26, 50
Alizarinkomplexon 17, 52
Amputation 1
Antibiotica 2, 20
Arrosion s. Resorption
Ausdrehmoment 12, 36
Autopsie 19, 21, 24, 26

Bakterien 1, 4, 13, 14, 20, 21, 22, 23, 24, 25, 26, 27, 63
—, Nachweis 14, 15, 19, 20, 21, 22, 23, 24, 25, 26, 27, 63
—, Zählung 14, 15, 20
Bakteriophagen s. Phagtyp
Belastung 7, 36, 39, 63
Bindegewebe, fibrös 62
Biomechanik 2, 3, 63
Blutagarplatten 14, 15, 22, 25, 27
Bodendruckkraft 13, 36, 37, 38, 39
Brückenverstärker 10, 11, 12, 27

Calceinblau 17, 52
Calceingrün 17, 52
Callus 2, 16, 21, 40, 41, 42, 49, 50, 51, 52, 55, 57, 58, 60, 62, 64, 68, 69
Chemoprophylaxe 2
Cl. Welchii 19
Coli s. E. Coli
Corynebacterium pyogenes 24, 25, 26

Dehnungsmessung 4, 10, 11, 13, 26, 27, 28, 29, 30, 31, 32, 33, 34, 35, 36, 64, 65, 66
Diastase 4, 9, 10, 35, 64
Diphtheroide Stäbchen 25, 26
Doppelplatten 5, 6, 8, 63, 64
Drahtbruch 11, 30, 36, 38, 39
Drähte 8, 10, 11, 30
Drehmoment 12, 35, 64, 68
Druck s. Kompression
—, Messung s. Dehnungsmessung
—, Verlauf 4, 27, 30, 31, 32, 33, 34, 35, 36
Durchblutung s. Vascularität
Dynamische Kompressionsplatte 5, 6
Dynamometer 12

E. coli 1, 19, 24, 25, 26
Eichung 12, 26
Elastische Verformung 11, 29
Encephalitis 20, 25
Entkalken 18
Erreger s. Bakterien
Experimentelle Osteitis 1, 2, 3, 63
Explantation 12, 16, 17

Faxitron 16, 40, 41, 44, 45, 46, 47, 48, 49, 69
Fibröser Knochen 52, 57
Fistel 14, 15, 20, 21, 23, 24, 26
Fixateur externe 2
Fluorescenzmarkierung 16, 17, 51, 52, 53, 54, 55, 56, 58, 59, 60, 61
Fluorochrome 17, 52, 54
Fraktur 19, 20, 63, 64
—, Spalt 4, 9, 10, 16, 35, 40, 41, 42, 44, 69
Fremdkörperwirkung 2, 63, 64

Gallamin-Giemsa 18
Gehbelastung 13, 36, 37, 38, 39, 64, 69
Gewebsverträglichkeit 5, 64
Goccie di cera 54, 55, 56, 58, 67
Granulationsgewebe 2, 26

Haemalaun-Eosin 18
Haversscher Kanal 2
Haversscher Umbau 16, 50, 52, 54, 56, 57, 58, 61, 66, 67, 68
Heilung s. Knochenheilung
Hinken 13, 20, 21, 38, 39
Histologie 1, 17, 49, 69

Implantate 2, 4, 5, 7, 8, 9, 10, 28, 29, 30, 31
—, chemische Eigenschaft 5
—, mechanische Eigenschaft 5
—, Zusammensetzung 5
Implantation 7, 8, 9, 10
Implantatlockerung 36
Infekt
—, Häufigkeit 1
—, Heilung 63
—, Komplikationen 19, 20, 26

Infektion 13, 14, 15, 63
—, Risiko 1
Inoculum 14, 15
Instabilität 4, 5, 9, 64, 69
Instrumentarium 7
Isolation 11, 12, 30

Knochen
—, Ablagerung 17, 54, 56, 59
—, Durchbau 40, 49, 57, 58, 62
—, Heilung 2, 20, 40, 55, 57, 63, 64, 69
—, Heilung primäre 2, 40, 43, 49, 55, 60, 61, 62, 64, 67
—, Heilung sekundäre 2, 40, 42, 49, 50, 66
—, Nekrose 67
—, Umbau s. Haversscher Umbau
Kompression, interfragmentär 2, 4, 7, 8, 9, 10, 11, 26, 36, 37, 38, 39, 63, 64, 65, 66
Kontaktheilung 55, 57, 58, 59, 66, 67
Korrosionsresistenz 5, 64
Kraft
—, Dehnungs-Diagramm 12
—, Übertragung 13, 36, 37, 38, 39, 64, 68
—, Umlagerung 33, 65

Ladungsverstärker 13
Lamellärer Knochen 52, 55, 57, 58, 60
Leukocyten 2, 53, 56, 58
Lösemoment 12, 35, 36
Lyophilisat 4, 14

Mäusepassage 14, 15
McConkey-Platte 15
Mechanik 3
Megohm-Meter 11, 12
Meßplatten 4, 6, 10, 11, 26, 27, 36, 37, 38, 39
Meßplattform 13, 36, 37, 38, 39
Metallentfernung 2, 63
Methodik 4, 7
Methylmethacrylat 16, 17, 18
Mikroangiographie 16, 50, 51, 53, 60

Mikrobewegungen 69
Mikrofrakturen 68
Mikropaque 16, 50
Mikroradiographie 16, 18, 41, 44, 45, 46, 47, 48, 49, 50, 52, 53, 54, 55, 56, 57, 61, 69
Mikrotom 17, 18
Mischinfekt 1, 20, 23, 24, 25, 26
Monoinfekt 23, 25

Nachimpfung s. Reinfektion
Narkose 7
Neisserien 21, 23

Operation 7
—, Situs 8, 9, 10
Osteoblast 2, 54
Osteocyt 2, 56
Osteolyse s. Resorption
Osteon 56, 58, 60, 61, 67
Osteosynthesematerial 5
Osteotomie 7, 17, 54, 55, 57, 59, 60, 63, 68

Pathogenese 3
Phagtyp 4, 14, 15, 21, 23, 24, 25, 26
Pilzinfektion 25
Plastische Verformung 11, 29
Platte 4, 5, 7, 8, 9, 10, 28, 29, 30, 31
Plugging 60

Pneumokokken 21, 23
Proteus 1
Pseudarthrose 2
Pseudomonas 1

Querkompression 12, 68

Radiographie 1, 16, 40, 41, 42, 43, 44, 45, 46, 47, 48, 49, 69
Reibung 12, 13, 68
Reinfektion 15, 20, 23, 24, 25
Remodeling s. Haversscher Umbau
Reosteosynthese 63
Resorption 2, 16, 40, 41, 49, 50, 52, 53, 54, 55, 56, 57, 58, 59, 60, 61, 62, 64, 66, 67, 68, 69
Röntgen s. Radiographie

Sägeschnitte 16, 17, 18
Schrauben 5, 6, 12, 68
—, Löcher 5, 6, 68
Sequenzmarkierung, polychrome s. Fluorescenzmarkierung
Sequester 1, 16, 40, 41, 42, 49, 53, 54, 55, 57, 60, 62, 66, 68, 69
Sklerosierung 1, 16, 40, 41
Spaltheilung 57, 58, 60, 61, 62, 67
Stabilität 2, 5, 8, 63, 64, 67, 68
Staphylococcus
—, aureus 1, 4, 13, 14, 15, 19, 20, 21, 22, 23, 24, 25, 26, 27, 63

—, epidermidis 1, 21, 23, 24, 25, 26
Streptokokken 1, 21, 23, 24
Stress protection 5, 64
Superinfektion 1, 23, 25
Syntacoben 64

Temperatureinfluß 11, 26, 27, 28
Testrahmen 11, 12
Therapie 2, 63
Titan 4, 5, 64
Transplantat 66
Tuschefärbung 16, 50, 53

Überbrückung, knöcherne 20, 40
Überlast 65, 66

Vascularität 2, 50, 51, 53, 57, 58, 60, 68
Versuchsablauf 18
Versuchstiere 4
Virulenz 14
Volkmannscher Kanal 2
Vorspannung 6, 8, 9

Wheatstone-Brücke 11
Wundheilung 20

Xylenolorange 17, 52

M. E. Müller, M. Allgöwer, H. Willenegger:
Manual der Osteosynthese

AO-Technik
In Zusammenarbeit mit W. Bandi, H.R. Bloch, A. Mumenthaler,
R. Schneider, B.G. Weber, S. Weller
306 Abbildungen in 683 Einzeldarstellungen. VIII, 297 Seiten. 1969
Gebunden DM 174,–; US $71.00   ISBN 3-540-04663-1

Das Manual enthält die im Teamwork überarbeiteten Richtlinien der AO, die sich aus den Erfahrungen mit vielen tausend operierten Frakturen herauskristallisiert haben. Das umfangreiche Bildmaterial wird jedem, der sich praktisch oder theoretisch mit der Osteosynthese auseinandersetzen will, willkommen sein.
Eine englische Ausgabe ist unter dem Titel: Manual of Internal Fixation lieferbar.

Die Dynamische Kompressionsplatte (DCP)

Von M. Allgöwer, L. Kinzl, P. Matter, S.M. Perren, T. Rüedi
26 Abbildungen. IV, 45 Seiten. 1973. DM 18,–; US $7.40
ISBN 3-540-06465-6

Das Buch behandelt die technischen Grundlagen und die verschiedenen Anwendungsmöglichkeiten dieser Weiterentwicklung der Standard-Kompressionsplatte der Schweizerischen Arbeitsgemeinschaft für Osteosynthesefragen (AO). Die Vorteile der bei mehr als 1500 Frakturen erprobten Platte werden anhand biomechanischer Experimente erklärt.
Eine englische Ausgabe ist unter dem Titel: The Dynamic Compression Plate (DCP) lieferbar.

Preisänderungen vorbehalten

Springer-Verlag
Berlin Heidelberg New York

München Johannesburg London Madrid New Delhi Paris
Rio de Janeiro Sydney Tokyo Utrecht Wien

U. Heim, K. M. Pfeiffer
Periphere Osteosynthesen

Unter Verwendung des Kleinfragment-Instrumentariums der AO.
In Zusammenarbeit mit H.Ch. Meuli
157 Abbildungen in 414 Einzeldarstellungen. XI, 314 Seiten. 1972
Gebunden DM 132,–; US $53.90 ISBN 3-540-05995-4

Das Buch ist eine systematische Darstellung der klinischen und technischen Fragen, die bei der operativen Versorgung peripherer Frakturen (Ellenbogen, Handgelenk, Hand, Sprunggelenk, Fuß) mit dem AO-Kleinfragment-Instrumentarium auftauchen. Es stellt eine Ergänzung zu dem bekannten AO-Manual dar.

A. Pannike
Osteosynthese in der Handchirurgie

Osteosynthese in der Handchirurgie
167 Abbildungen. XI, 124 Seiten. 1972.
Gebunden DM 54,–; US $22.10 ISBN 3-540-05894-X

Der Autor stellt die handchirurgischen Osteosynthesen nach den Prinzipien der AO (Arbeitsgemeinschaft für Osteosynthesefragen) den bisher üblichen Methoden der operativen Knochenbruchbehandlung an der Hand gegenüber.

R. Liechti
Die Arthrodese des Hüftgelenkes und ihre Problematik

Mit einem Geleitwort von M.E. Müller, B.G. Weber
266 Abbildungen. XVIII, 270 Seiten. 1974
Gebunden DM 128,–; US $52.30 ISBN 3-540-06636-5

Fortschritte in der Indikationsabgrenzung und in der technischen Durchführung haben der Hüftarthrodese auch im Zeitalter des totalen Hüftgelenkersatzes einen festen Platz gesichert. Die beiden Methoden werden einander gegenübergestellt und die speziellen Probleme der Hüftversteifung anhand eines umfangreichen Krankengutes besprochen und durch zahlreiche Abbildungen und Zeichnungen ergänzt.

Preisänderungen vorbehalten

Springer-Verlag
Berlin Heidelberg New York

MIX
Papier aus verantwortungsvollen Quellen
Paper from responsible sources
FSC® C105338

If you have any concerns about our products,
you can contact us on
ProductSafety@springernature.com

In case Publisher is established outside the EU,
the EU authorized representative is:
**Springer Nature Customer Service Center GmbH
Europaplatz 3, 69115 Heidelberg, Germany**

Printed by Libri Plureos GmbH
in Hamburg, Germany